电化学储能材料制备与性能表征实验教程

刘万民　秦牡兰　申斌　王伟刚　戴宽　胡金龙　⊙　编著

DIANHUAXUE CHUNENG
CAILIAO ZHIBEI YU XINGNENG BIAOZHENG
SHIYAN JIAOCHENG

中南大学出版社
www.csupress.com.cn
·长沙·

前　言

党的二十大报告指出，推动经济社会发展绿色化、低碳化是实现高质量发展的关键环节；完善能源消耗总量和强度调控，重点控制化石能源消费，逐步转向碳排放总量和强度"双控"制度。太阳能、风能、潮汐能等新能源的开发应用是实现我国"双碳"战略目标的有效途径之一。这类新能源具有间歇性、地域性、波动性、分散性等缺陷，需要锂离子电池、钠离子电池等储能器件对其进行存储，并在必要时释放给用户使用。正极材料、负极材料、电解质材料等电化学储能材料是电化学储能器件的关键材料，其制备方法多种多样，表征手段大同小异。

本书作者根据自己在电化学储能材料方面的研究成果，系统编写了不同电化学储能材料的制备方法及其性能表征、电化学储能器件的组装及其性能表征等内容。全书共分为电化学储能基础知识、电化学储能材料制备实验、电化学储能材料物理化学性能表征实验、电化学储能器件制备实验和电化学储能材料/器件电化学性能表征实验等五章。本书可作为材料化学、新能源材料与器件、电化学等相关专业的实验教材，也可供其他有关专业及企业的教师、学生和工程技术人员参考。

本书由湖南工程学院刘万民教授担任主编，参与编写的还有湖南工程学院秦牡兰博士、申斌博士、王伟刚博士、戴宽博士和胡金龙博士等。其中，刘万民编写第一章、实验二、实验三、实验七、实验十八和实验二十四；秦牡兰编写实验八、实验九、实验十四、实验十五、实验十六和实验十七；申斌编写实验一、实验二十三和第四章；王伟刚编写实验四、实验五和实验六；戴宽编写实验十三、实验二十五和实验二十六；胡金龙编写实验十、实验十一和实验十二。

本书由湖南工程学院教材建设基金资助。

由于编者水平有限，书中难免存在不妥之处，敬请广大读者批评指正。

编 者

2023 年 4 月

目　录

第1章

电化学储能基础知识

1.1 储能技术简介

2020 年 9 月，中国政府在第七十五届联合国大会上表示，中国二氧化碳排放力争于 2030 年前达到峰值，努力争取 2060 年前实现碳中和。所谓"碳达峰"是指在某个时间点，二氧化碳的排放量达到一个最大值，随后呈下降趋势；"碳中和"是指在一定时间内直接或间接产生的二氧化碳排放量，可以经过植物光合作用、化学资源化利用等方式进行消耗，实现二氧化碳的零排放。在此背景下，切实发展风能、太阳能、核能、潮汐能、地热能等低碳或非碳新能源，是减少二氧化碳排放的有力措施。但新能源发电自身具有时间空间波动性大、资源地理分配不均衡等特点，因此，低碳或非碳能源的有效利用，离不开储能技术。2022 年 2 月，国家发改委、国家能源局印发《"十四五"新型储能发展实施方案》指出：明确新型储能独立市场主体地位，健全"新能源+储能"项目激励机制。到 2025 年，新型储能由商业化初期步入规模化发展阶段；到 2030 年，新型储能进入全面市场化发展。目前，主要的储能技术可分为物理储能技术和化学储能技术或电化学储能技术两大类。前者包括抽水储能、压缩空气储能、储热储冷和飞轮储能等技术，后者包括铅酸蓄电池、锂离子电池、钠离子电池、液流电池、超级电容器和其他新型储能技术。

1. 抽水储能

抽水储能或抽水蓄能，是指利用水作为储能介质，通过电能与重力势能的相互转化，实现能量的储存与管理。其工作原理是在用电低谷时，利用富余电能将下游水库中的水抽调至上游水库储存，即，将电能转化为水的势能；在用电高峰时，将上游水库的水放出来推动水轮机发电，即，将水的势能转化为电能。抽水储能具有储能容量大、系统效率高、运行寿命长、响应快速、技术成熟等优点，被认为是我国储能产业的基石，2021 年抽水储能新增8050 MW，占全国储能新增装机的 78.97%。

2. 压缩空气储能

压缩空气储能是指利用气体作为储能介质，通过电能与内能的相互转化，实现能量的储存与管理。其工作原理是在用电低谷时，采用压缩机将空气或其他气体压缩至高压气体或液态并存于储气室或储液罐中，即，将电能转化为内能；在用电高峰时，将高压气体或液态气体从储气室或储液罐中释放出来,驱动膨胀机发电,即,将内能转化为电能。压缩空气储能具有储存规模大、循环次数多、安全性能好、清洁无污染等优点,被认为是最具发展潜力的大规模储能技术,2021 年压缩空气储能新增 170 MW,占全国储能新增装机的 1.67%。

3. 储热储冷

储热是指利用介质将太阳辐射能量或其他热量储存于内部,在环境温度低于介质温度时再释放能量的一种储能技术。根据工作原理的不同,可分为显热储能、化学反应储能和相变储能三种。显热储能是指利用物质(如水、岩石、土壤等)的热容特性进行吸放热量的一种方式;化学反应储能是指利用储能材料相互接触发生化学反应而释放出能量的一种方式;相变储能是指利用物质(如十二水硫酸铝铵、十水硫酸钠、碳酸钠、石蜡、多元醇等)相态转变过程中等温释放潜热的一种方式。其中,相变储能是用的最多的一种储能方式,广泛应用于太阳能热发电、建筑行业及工业余热利用等领域。2021 年储热储能新增 100 MW,占全国储能新增装机的 0.98%。储冷是指利用物质的显热或潜热储存冷量,在需要时再释放冷量的一种储能技术。根据工作原理的不同,储冷技术可分为水储冷技术、冰储冷技术、共晶盐储冷技术和气体水合物储冷技术四种。水储冷技术一般是利用低价电力通过冷水机在水池内蓄冷,然后在高价电力时释放冷量至空调系统。冰储冷技术与水储冷技术的原理一致,借助于冰介质实现冷量的生成与释放。后两种储冷技术则可归属于相变储能范畴。其中,冰储冷是最受欢迎的储冷方式,广泛应用于楼宇型分布式能源系统中。

4. 飞轮储能

飞轮储能是指利用电能驱动飞轮高速旋转,将电能转换成机械能储存,在需要时再通过飞轮惯性拖动电机发电,将机械能转换成电能。飞轮储能具有功率密度高、充放电次数多、响应速度快、使用寿命长、工况环境适用性强、无污染等优点,适用于电网调频、移动应急电源、制动能量回收、轨道交通系统等领域。2021 年飞轮储能新增 2.8 MW,占全国储能新增装机的 0.03%。

5. 铅酸蓄电池

铅酸蓄电池是一种二次电池,由正极、负极、电解液、隔板、塑料槽等组成,正极活性物质为二氧化铅,负极活性物质为海绵状金属铅,电解液为稀硫酸。充电时,将外部电源连接在铅酸蓄电池上,使电能转化为化学能储存起来;放电时,将负载连接在铅酸蓄电池上,负极向外电路提供电子,使化学能转化为电能。铅酸蓄电池历史悠久,为人类文明的发展做出了极大的贡献,具有技术成熟、成本低廉、安全可靠等优点,目前仍广泛应用于通信备用电源、应急照明电源、太阳能发电设备、燃油发动机启动、电动自行车、低速电动车等。2021 年铅酸电池储能新增 1.7 MW,占全国储能新增装机的 0.02%。

6. 锂离子电池

锂离子是一种浓差二次电池,由正极、负极、电解液、隔膜、外壳等部件组成。正、负极均由集流体、黏结剂、导电剂和活性物质组成,正极活性物质为嵌锂化合物,负极活性物质为碳材料,电解液为溶有六氟磷酸锂的碳酸酯类溶剂,锂在正极、负极、电解液中均以离子形式存在。充电时,在外电源电场的驱动下,锂离子从正极脱嵌,依次通过电解液、穿过隔膜后,嵌入负极,将电能转化为化学能储存起来;放电时,在高自由能的作用下,锂离子从负极脱嵌,依次通过电解液、穿过隔膜后,嵌入正极,电子从负极出发供给负载使用后回到正极,实现化学能向电能的转变。锂离子电池发明于 20 世纪 90 年代,是二次电池历史上的一次飞跃,具有体积小、电压高、容量大、寿命长、自放电小、无记忆效应等优点,广泛用于移动电话、笔记本电脑、电动工具、电动汽车以及风能、太阳能等间断性清洁能源储能领域。2021 年锂离子电池储能新增 1843 MW,占全国储能新增装机的 18.08%。

7. 钠离子电池

钠离子电池与锂离子电池几乎具有相同的研究历史,但由于钠离子半径大,迁移速率慢,电化学性能弱于锂离子,加之锂离子电池的成功商业化,导致钠离子电池研发速度迟缓。钠离子电池与锂离子电池具有相似的内部结构、工作原理与储能机制。正极活性物质为嵌钠化合物,负极活性物质为碳材料,电解液为溶有六氟磷酸钠或高氯酸钠的碳酸酯类溶剂。充电时,钠离子从电池正极材料脱出,通过电解液和隔膜,进入负极材料,电子在外电路从正极流向负极;放电时,钠离子、电子的流动方向与充电时刚好相反。钠离子电池的能量密度、技术程度等与锂离子电池具有较大的差距,但具有资源丰富、低温性能好、充放电速度快等优点,在电动自行车、低速电动车、电动工具、储能等领域具有较大的应用空间。2021 年钠离子电池储能新增 0.2 MW。

8. 液流电池

液流电池是一种通过电解液中活性物质在电极上发生氧化还原反应来实现电能与化学能相互转化的电化学储能技术,主要由电解液、电极、选择性质子交换膜、双极板和集流体组成。根据正负极电解质溶液中电对种类的不同,液流电池可分为铁铬液流电池、锌溴液流电池、全铁液流电池与全钒液流电池等种类。技术成熟度最高的全钒液流电池,正极电解液含有五价钒/四价钒离子,负极电解液含有三价钒/二价钒离子。电池充电后,正、负极电解液分别为五价钒离子和二价钒离子溶液;电池放电后,正、负极电解液分别为四价钒离子和三价钒离子溶液;电池内部载流子为氢离子,外部载流子为电子。液流电池具有可深度放电、寿命长、性价比高、安全性好、选址自由等优点,在风力发电、光伏发电、电网调峰等领域有较好的应用。2021 年液流电池储能新增 23 MW,占全国储能新增装机的 0.23%。

9. 超级电容器

超级电容器是一种电化学性能介于传统电容器与化学电池之间的储能器件,主要由电极、集流体、电解液与隔膜构成。根据电荷储存机制的不同,可将超级电容器分为双电层电容器、赝电容器和电池型电容器三类。双电层电容器在充电时,电解液中的正、负离子在外加电场的作用下分别迁移至负极和正极,并在电极/溶液界面形成双电层,将电能转化为化学能进行储存;放电时,正、负极之间的电位差逐渐减小,双电层电荷发生脱附,离子流回电解液,电子流向外电路,实现化学能向电能的转化。赝电容器主要通过电极材料表面或近表面的法拉第反应实现化学能与电能的相互转化,离子扩散路径短、脱嵌速度快,但材料未发生相变;电池型电容器则通过电极材料体相可逆的法拉第反应实现化学能与电能的相互转化,其电化学行为类似于电池的电极材料。超级电容器具有充放电速度快、功率密度高、使用寿命长、安全环保等优点,可用于智能电网、新能源汽车动力电源、不间断电源等领域。2021 年超级电容器储能新增 2 MW,占全国储能新增装机的 0.02%。

10. 其他新型储能技术

除了上述九类主流储能技术外,具有代表性的其他新型储能技术有液态金属电池、多价金属离子电池、水系电池等。2021 年其他新型储能新增 1 MW,占全国储能新增装机的 0.01%。

1.2 电化学储能材料简介

从广义上来看，铅酸蓄电池、锂离子电池、钠离子电池、液流电池、超级电容器等化学储能技术均具有相似的反应机理与内部结构，可归属于电化学储能。电极(包括正极和负极)是这些储能器件的重要组成部分，通常由电化学储能材料(即电化学活性材料)、导电剂和黏结剂等按一定比例配制后按一定工艺流程制作而成。其中，电化学储能材料占据核心地位，通常也是价格最高的部分。

1. 铅酸蓄电池电化学储能材料

铅酸蓄电池的正极电化学储能材料为二氧化铅。二氧化铅有斜方晶系 α-PbO_2、正方晶系 β-PbO_2、无定形 PbO_2 和不稳定的假正方晶系等四种晶型结构，其晶格参数、形貌、密度、比表面积、平衡单位、温度系数等物理化学性质各有不同。例如，对比 α-PbO_2 与 β-PbO_2，α-PbO_2 的晶粒尺寸较大、表面光滑、晶粒间连结紧密、机械强度较好、密度较大、比表面积较小、电极电位的温度系数较大、电化学活性较差；β-PbO_2 的晶粒细小、表面粗糙、晶粒间结合较疏松、机械强度较差、密度较小、比表面积较大、电极电位的温度系数较小、电化学活性较好。铅酸蓄电池的使用寿命很大程度上取决于正极，因此，通常将石墨、铋、硫酸铝、硫酸钙等无机添加剂或者聚二氯乙烯、聚酯纤维、聚乙烯醇、氟塑料等有机高分子材料加入正极活性物质中，以改善其电导率、孔隙率、结合力，从而提高正极活性物质的利用率与电池的使用寿命。

铅酸蓄电池的负极电化学储能材料为海绵状金属铅。充放电过程中副反应生成的致密硫酸铅不能在负极完全还原成为海绵铅，致使负极活性物质逐渐损失，以及硫酸铅较差的导电性引起的负极电化学反应阻抗增加、负极析氢与自放电等因素，导致铅酸蓄电池使用寿命缩减。为了提高电池的电化学性能，通常在负极加入腐殖酸、木素磺酸钠、硫酸钡、碳材料、导电聚合物等添加剂。

2. 锂离子电池电化学储能材料

作为锂离子电池的正极的电化学储能材料，要求能同时满足高的充放电平台、质量比容量和功率密度，超长的循环寿命，良好的倍率性能和安全性能，制备工艺简单，成本低廉，环境友好等要求。根据锂离子电池充放电过程中发生价态变化的元素的不同，锂离子电池的正极电化学储能材料可分为钴系电化学储能材料、镍系电化学储能材料、锰系电化学储能材料、铁系电化学储能材料、钒系电化学储能材料等。例如，钴系电化学储能材料是指在锂离子电池充放电过程中，钴元素发生价态升降的锂钴化合物；镍系电化学储能材料是指在锂离子电池充放电过程中，镍元素发生价态升降的锂镍化合物；其他以此类推。代表性的钴系电化学储能材料是钴酸锂。钴酸锂具有放电平台高、比容量较高、循环性能好、合成工艺简单等优点，被视为技术最成熟的锂离子电池正极电化学储能材料；但由于钴元素价格昂贵、毒性较大、安全性能较差等原因，仅适用于3C数码类的小型锂离子电池。镍系电化学储能材料的代表有镍酸锂、镍钴铝三元(通常简称为 NCA)、镍钴锰三元(通常简称为 NCM)材料。镍酸锂制备困难，热稳定性差，寿命短，没有实用价值。镍钴铝三元材料是镍酸锂、钴酸锂和铝酸锂的固溶体，典型分子式为 $LiNi_{0.8}Co_{0.15}Al_{0.05}O_2$，同时具备了容量高与热稳定性良好的特点,是目前商业化正极电化学储能材料中比容量最高(约 $200 \text{ mA} \cdot \text{h/g}$)的一种,被应用于电动汽车锂离子动力电池。常见的镍钴锰三元材料有 $LiNi_{1/3}Co_{1/3}Mn_{1/3}O_2$、$LiNi_{0.4}Co_{0.2}Mn_{0.4}O_2$、$LiNi_{0.5}Co_{0.2}Mn_{0.3}O_2$、$LiNi_{0.6}Co_{0.2}Mn_{0.2}O_2$、$LiNi_{0.8}Co_{0.1}Mn_{0.1}O_2$ 等。这一系列材料中,镍、钴、锰三种元素的比例对材料的电化学性能和热稳定性有着显著的影响,随着镍含量的增加,材料的容量亦增加,但循环性能、热稳定性均下降。生产厂家通常根据应用领域的需求选用不同比例的镍钴锰三元材料。锰系电化学储能材料主要有层状结构的 $LiMnO_2$、Li_2MnO_3 和尖晶石结构的 $LiMn_2O_4$、$Li_4Mn_5O_{12}$、$LiNi_{0.5}Mn_{1.5}O_4$。其中,Li_2MnO_3 具有 $250 \text{ mA} \cdot \text{h/g}$ 以上的首次放电比容量,$LiNi_{0.5}Mn_{1.5}O_4$ 具有 4.7 V 的充放电平台和 $140 \text{ mA} \cdot \text{h/g}$ 的首次放电比容量,受到人们的极大关注。锰酸锂具有电位高、价格低、环境友好、安全性好等优点,被应用于便携式电子设备和通信设备等领域。已得到广泛应用的铁系电化学储能材料是磷酸铁锂($LiFePO_4$),该材料具有橄榄石结构,充放电平台平稳,循环性能好,安全性能好,资源丰富,价格低廉,环境友好,在电动大巴车动力电池中的应用具有不可替代性,同时也在抢占电动轿车动力电池、固有线路专用车动力电池和智能电网储能电池等领域市场。各种锂离子电池正极电化学储能材料的制备方法相差无几,主要有高温固相法、喷雾干燥法、共沉淀法、溶胶-凝胶法、水热法和熔盐法等;针对各类材料的缺陷,采用的改性手段也大同小异,主要有体相掺杂、表相包覆和形貌微纳化。

作为锂离子电池的负极的电化学储能材料,要求能同时满足低的嵌锂电位、快的脱/嵌锂速度、结构稳定、循环寿命长、容易制备等要求。研究过的负极电化学储能材料有金属锂、碳基材料、锡基材料、硅基材料以及过渡金属氮化物、氧化物和磷化物材料。初期锂离子电池用的负极材料是金属锂,具有 $3860 \text{ mA} \cdot \text{h/g}$ 的理论容量,远高于其他负极材料。但金属锂非常活泼,在反复的充放电过程中,极易在负极表面形成锂枝晶,刺破隔膜而造成电池局部短路,产生安全问题。因此,金属锂作负极的锂离子电池尚未得到应用。碳基材料是商品锂离子电池中用得最多的一类负极电化学储能材料,具有放电平台低、容量大、可逆性好、价格便宜、无毒无害等优点,最成熟的碳基材料有天然石墨、硬碳、中间相炭微珠和碳纤维等。其他负极电化学储能材料常常具有高容量、短寿命的特点,距离实际应用尚遥远。

3. 钠离子电池电化学储能材料

作为钠离子电池的正极电化学储能材料,几乎与锂离子电池的正极电化学储能材料具有相同的要求:能量密度高、使用寿命长、储存性能好、制造成本低、对环境无污染,等等。一般而言,将锂离子电池正极电化学储能材料中的锂离子替换成钠离子,就能得到相应的钠离子电池正极电化学储能材料,例如,将 $LiFePO_4$ 中的 Li^+ 替换成 Na^+,得到 $NaFePO_4$。目前,研究最多且展现出应用前景的钠离子电池正极电化学储能材料有三类:层状过渡金属氧化物、聚阴离子化合物和普鲁士蓝类框架化合物。层状过渡金属氧化物 Na_xMO_2(M 表示 Ni、Co、Fe、Mn 等中的一种或几种)主要包括 P2 型和 O3 型两种,理论容量高达 $200 \text{ mA} \cdot \text{h/g}$ 以上,但结构稳定性差,导致循环性能差,通常采用不同过渡金属元素相互取代以制备二元、三元或多元金属氧化物,发挥不同元素之间的协同效应,以改善其电化学性能。聚阴离子化合物 $Na_xM_y[(XO_m)^{n-}]_z$(M 为过渡金属元素,X 为 P、S、Si 等元素,)常见的有 $NaFePO_4$、$Na_3V_2(PO_4)_3$、$Na_3V_2(PO_4)_2F_3$、$Na_2Fe_2(SO_4)_3$、$Na_2Fe_2P_2O_7$ 等。这类材料具有很好的结构稳定性和较高的工作电压,理论容量为 $120 \text{ mA} \cdot \text{h/g}$ 左右,但导电性差,需要通过碳族材料的包覆作用进行改善。普鲁士蓝类框架化合物是普鲁士蓝结构衍生出来的一类材料,其表达

式为 $A_xM[Fe(CN)_6]_y \cdot \square_{1-y} \cdot nH_2O$(A 为 Li、Na、K 等碱金属离子,M 为 Fe、Mn、Co、Ni 等过渡金属离子,$\square$ 为 $Fe(CN)_6$ 空位)。该类材料理论容量高达 170 mA·h/g,结构和化学组分可调,框架稳定性好,但制备困难,压实密度较低,含有的结晶水难以去除且对材料电化学性能影响较大。

钠离子电池的负极电化学储能材料与锂离子电池的大同小异,有碳基材料、钛基材料、合金材料和有机化合物等,碳基材料又分为石墨类、无定形碳和纳米碳材料,其中,接近实用化的是硬碳材料。

4. 超级电容器电化学储能材料

超级电容器电化学储能材料要求具有合适的孔隙结构、较大的电化学活性面积、较高的电导率和循环稳定性。用于双电层电容器的电化学储能材料以活性炭、碳纳米管、碳纳米纤维和石墨烯等碳族材料为主,这类材料导电性能好、力学性能稳定,但由于反应只发生在材料表面而具有相对较低的比电容,因此,通常需要采用有效手段对其纳米化、多孔化,以增大其比表面积。用于赝电容器的电化学储能材料有二氧化锰、二氧化钌、导电聚合物、二维过渡金属碳或氮化物,这类材料比电容较高,但电导性较差,在循环过程中容易发生体积膨胀,主要通过与双电层电容器电化学储能材料或电池型电容器电化学储能材料的复合来提高其性能。用于电池型电容器的电化学储能材料有氧化镍、四氧化三钴、钴酸镍等过渡金属氧化物,氢氧化镍、氢氧化钴等过渡金属氢氧化物,硫化镍、硫化镍钴等过渡金属硫化物,这类材料通常采用元素掺杂的方式提高其导电性和结构稳定性,以获得更好的电化学性能。此外,金属有机骨架(MOFs)材料在超级电容器中也展现出了良好的发展势头。

参考文献

[1] 陈海生,李泓,马文涛,等. 2021 年中国储能技术研究进展[J]. 储能科学与技术,2022,11(3):1052-1076.

[2] 张玮灵,古含,章超,等. 压缩空气储能技术经济特点及发展趋势[J]. 储能科学与技术,2023,12(4):1295-1301.

[3] 李永亮,金翼,黄云,等. 储热技术基础(Ⅰ):储热的基本原理及研究新动向[J]. 储能科学与技术,2013,2(1):69-72.

[4] Li M Y, Li B G, Liu C Y, et al. Design and experimental investigation of a phase change energy storage air-type solar heat pump heating system[J]. Applied Thermal Engineering, 2020, 179:115506.

[5] 黄港,邱玮,黄伟颖,等. 相变储能材料的研究与发展[J]. 材料科学与工艺,2022,30(3):80-96.

[6] 吴其胜,戴振华,张霞. 新能源材料[M]. 上海:华东理工大学出版社,2012.

[7] 陈海生,凌浩恕,徐玉杰. 能源革命中的物理储能技术[J]. 中国科学院院刊,2019,34(4):450-459.

[8] 陈军,陶占良,苟兴龙. 化学电源:原理、技术与应用[M]. 北京:化学工业出版社,2006.

[9] Armand M, Tarascon J M. Building better batteries[J]. Nature, 2008, 451(7179):652-657.

[10] Dunn B, Kamath H, Tarascon J M. Electrical energy storage for the grid:a battery of choices[J]. Science, 2011, 334(6058):928-935.

[11] Larcher D, Tarascon J M. Towards greener and more sustainable batteries for electrical energy storage[J]. Nature Chemistry, 2015, 7(1):19-29.

[12] 钱宇宸,杨晓晓,张晶晶,等. 超级电容器电极材料的研究进展[J]. 东华大学学报(自然科学版),2022,48(6):1-13.

[13] 刘万民. 锂离子电池 $LiNi_{0.8}Co_{0.15}Al_{0.05}O_2$ 正极材料的合成、改性及储存性能研究 [D]. 长沙：中南大学，2012.

[14] 胡国荣，杜柯，彭忠东. 锂离子电池正极材料：原理、性能与生产工艺 [M]. 北京：化学工业出版社，2017.

第2章

电化学储能材料的制备实验

实验一 熔盐法制备钴酸锂正极材料

一、实验目的

1. 掌握熔盐法制备粉体材料的基本原理。
2. 熟悉熔盐法制备钴酸锂正极材料的操作要领。
3. 了解钴酸锂正极材料的电化学特性。

二、实验原理

$LiCoO_2$(简称 LCO)正极材料是层状氧化物正极材料中最早商业化也最具代表性的一种。它属于六方晶系，空间群为 R3m，$\alpha-NaFeO_2$ 岩盐结构。其结构示意图如图 2-1-1 所示。Li^+、Co^{3+}、O^{2-} 分别占据 $3a$、$3b$、$6c$ 的位子，过渡金属阳离子和锂离子都处在由氧原子组成的八面体空隙中，在 c 轴方向上呈现一层过渡金属离子、一层锂离子交替排列的层状结构，而氧原子呈 ABCABC 的方式进行堆叠。LCO 具有制备方法简单、工作电压较高、制备电极时压实密度高、能量密度高等优点。但是，全球目前探明的钴元素储量仅为 720 万吨，故其价格较高，增加了电池的成本，限制了钴酸锂材料在锂离子电池中的应用。此外，钴毒性大，环境不友好，并且 LCO 虽然有高达 274 mA·h/g 的理论容量，但是在实际应用中只能放出 140 mA·h/g 左右的放电容量，其原因是在充电到 4.2 V 以上时，锂离子脱出量超过了 50%，可逆容量迅速减少。目前，针对高压钴酸锂的性能优化方法中，体相的离子掺杂倾向于改善体相结构的稳定性，而不能抑制钴酸锂充放电过程中的副反应，而表面包覆改性的方法同时改善钴酸锂在循环过程中的界面及体相晶体结构的稳定性，从而获得更好的电化学性能。

在众多的制备方法中，熔盐法是 LCO 正极材料制备常用的方法。如图 2-1-2 所示其基本原理是将熔盐与反应物按照一定的比例配制反应混合物，研磨混合均匀后，加热使盐熔化，反应物在盐的熔体中进行反应，生成目标产物，冷却至室温后，以去离子水清洗数次以除去其中的熔盐得到产物粉体。熔盐法是一种在较低的反应温度下和较短的反应时间内制备特定组分的各向异性粉体的简便方法。

　　熔盐法制备 LCO 正极材料，使用的反应原材料中钴源一般采用四氧化三钴（Co_3O_4），锂源采用氢氧化锂（LiOH）、碳酸锂（Li_2CO_3）等，熔盐可采用硝酸锂、氯化钾等。按照比例称取钴源、锂源和熔盐，研磨混合均匀后转移到坩埚中。严格控制反应温度、升温速率、保温时间等条件，使 LCO 晶体的成核和生长速率保持合适的比例，获得理想形状和尺寸的 LCO 正极材料。然后将物料研磨后，用去离子水清洗熔盐，并进行二次烧结，得到 LCO 正极材料。通过熔盐法可以更容易地控制粉体颗粒的形状和尺寸。这种性质同反应物与盐的熔体之间的表面能和界面能有关，由于表面能和界面能有减小的趋势，最终导致熔盐法合成的粉体具有特定的形貌。控制熔盐法所合成的粉体形状的因素包括所用的盐的种类和含量、反应温度和时间、起始氧化物的粉末特征等。通过改变这些条件，可以制得特定的具有形状各向异性的粉体。合成的粉体具有化学成分均匀、晶体形貌好、物相纯度高等优点。

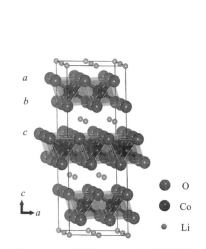

图 2-1-1　层状 $LiCoO_2$ 的晶体结构

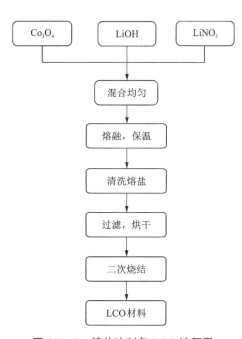

图 2-1-2　熔盐法制备 LCO 流程图

三、仪器（设备）与试剂

　　（1）仪器（设备）：玛瑙研钵，坩埚，电子天平，量筒，烧杯，药匙，循环水式真空泵，布氏漏斗，抽滤瓶，滤纸，真空干燥箱，管式炉，200 目（74 μm）筛网。

　　（2）实验试剂：四氧化三钴，氢氧化锂，硝酸锂，去离子水。

四、实验步骤

　　（1）按金属元素物质的量之比 $n_{Li} : n_{Co} = 4 : 1$ 称取氢氧化锂/硝酸锂与四氧化三钴，其中氢氧化锂与硝酸锂的物质的量比为 1 : 2，放入研钵中。

　　（2）混合研磨均匀后，将物料装入坩埚中，将其放入马弗炉中，并关好炉门。

（3）升温至 350 ℃，保温 4 h，升温速率 3 ℃/min。

（4）继续升温至 750 ℃，保温 4 h，升温速率 3 ℃/min。

（5）继续升温至 900 ℃，升温速率 3 ℃/min，在恒温恒压条件下反应 12 h 后，断开电源。

（6）待马弗炉随炉冷却至 60 ℃以下，取出物料，研磨后，用去离子水清洗熔盐，过滤，在烘箱中烘干。

（7）将物料研磨后装入坩埚中，放入马弗炉中，进行二次烧结，烧结温度 600 ℃，保温 6 h，升温速率 3 ℃/min。

（8）待马弗炉随炉冷却至 60 ℃以下，取出物料，研磨后，用 200 目筛网过筛，得到 LCO 正极材料。

五、数据处理

1. 计算 LCO 正极材料的产率。

2. 对 LCO 正极材料形貌与晶体结构进行表征。

3. 测试 LCO 正极材料的充放电性能。

六、思考题

1. 制备 LCO 正极材料时，加入硝酸锂的作用，还有哪些材料可以替代？

2. 制备 LCO 正极材料时，反复洗涤沉淀的目的是什么？

3. 影响 LCO 材料的晶粒大小主要有哪些因素？

七、注意事项

1. 洗涤沉淀过程中产生的废水禁止倒入水池中，必须倒入废液桶中。

2. 从管式炉中拿取材料时，必须使用铁丝钩取，并带上耐高温手套，以免烫伤。

八、附图

钴酸锂的 XRD 分析结果如图 2-1-3 所示。由图 2-1-3 可知，LCO 材料衍射峰峰形尖锐，特征峰位置与标准谱 JCPDS NO.50-0653 吻合，表明制备的 LCO 材料为 α-NaFeO$_2$ 结构，无杂相，且特征峰(006)/(012)和(018)/(110)分开明显，材料结晶良好。图 2-1-4 为 LCO 正极材料的 SEM 照片。从图中可以看出，LCO 为表面光滑的一次颗粒。LCO 正极材料的电化学性能如图 2-1-5、图 2-1-6 和图 2-1-7 所示。由图 2-1-5 可知，在 2.75~4.5 V 的电压范围内，0.1 C 电流条件下，材料的首次充电克容量和放电克容量分别为 196.3 mA·h/g 和 192.8 mA·h/g，首次库仑效率为 98.2%。由图 2-1-6 可知，在 2.75~4.5 V 的电压范围内，0.5 C 电流条件下循环 100 次后，该材料的容量保持率为 69.7%。由图 2-1-7 可知，在 2.75~4.5 V 的电压范围内，以 0.1 C 放电容量为基准，该材料在 4 C 和 8 C 倍率下的平均容量保持率分别为 58.8% 和 45.5%。

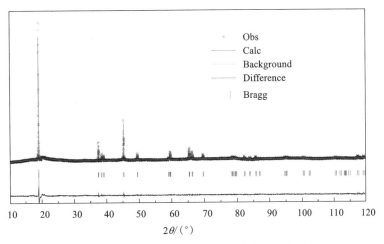

图 2-1-3　钴酸锂样品的 XRD 图谱以及精修结果

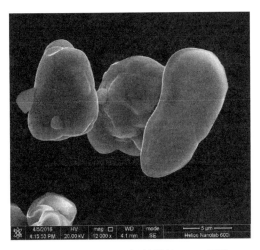

图 2-1-4　LCO 正极材料的 SEM 图片

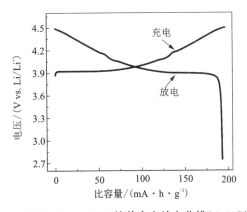

图 2-1-5　LCO 的首次充放电曲线(0.1 C)

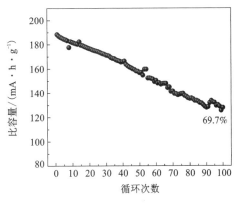

图 2-1-6　LCO 的循环曲线(0.5 C)

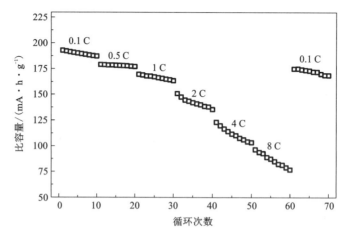

图 2-1-7 LCO 正极材料的倍率性能

九、参考文献

[1] 申斌. 正极钴酸锂材料的容量衰减机制及改性研究[D]. 哈尔滨：哈尔滨工业大学，2017.

[2] Shen B, Zuo P J, Li Q, et al. Lithium cobalt oxides functionalized by conductive Al-doped ZnO coating as cathode for high-performance lithium ion batteries[J]. Electrochimica Acta, 2017, 224: 96-104.

[3] Shen B, Zuo P J, Fan P, et al. Improved electrochemical performance of NaAlO₂-coated LiCoO₂ for lithium-ion batteries[J]. Journal of Solid State Electrochemistry, 2017, 21(4): 1195-1201.

[4] Shen B, Liu Q J, Wang L G, et al. Mixed lithium ion and electron conducting LiAlPO₃.₉₃F₁.₀₇-coated LiCoO₂ cathode with improved electrochemical performance[J]. Electrochemistry Communications, 2017, 83: 106-109.

[5] Lou S F, Shen B, Zuo P J, et al. Electrochemical performance degeneration mechanism of LiCoO₂ with high state of charge during long-term charge/discharge cycling[J]. RSC Advances, 2015, 5(99): 81235-81242.

[6] 申斌, 徐星, 刘万民, 等. LiAlSiO4 改性高电压 LiCoO₂ 正极材料的电化学性能[J]. 硅酸盐学报, 2022, 50(5): 1201-1208.

[7] 申斌, 刘万民, 秦牡兰, 等. Li₂MgSiO₄ 包覆 LiCoO₂ 正极材料的高电压性能[J]. 电池, 2021, 51(2): 178-182.

[8] Shen B, Xu X, Liu W M, et al. Realizing an excellent cycle and rate performance of LiCoO₂ at 4.55 V by Li ionic conductor surface modification[J]. ACS Applied Energy Materials, 2021, 4(11): 12917-12926.

[9] Deng D. Li-ion batteries: basics, progress, and challenges[J]. Energy Science & Engineering, 2015, 3(5): 385-418.

[10] 熊学, 唐朝辉, 朱贤徐, 等. 固相法制备快充高电压 LiCoO₂[J]. 电池, 2016, 46(5): 278-280.

[11] 沈丁, 王来贵, 唐树伟, 等. LiₓCoO₂(0≤x≤1)结构稳定性和力学性质的第一性原理计算[J]. 硅酸盐学报, 2021, 49(6): 1056-1064.

实验二　高温碳热还原法制备磷酸铁锂正极材料

一、实验目的

1. 掌握高温碳热还原法制备粉体材料的基本原理。
2. 熟悉高温碳热还原法制备磷酸铁锂正极材料的操作要领。
3. 熟悉磷酸铁锂正极材料的电化学性能。
4. 了解行星式球磨机的使用方法。

二、实验原理

磷酸铁锂（$LiFePO_4$）材料具有规整的橄榄石型结构，属于正交晶系，Pnma 空间群。每个晶胞中有 4 个磷酸铁锂单元，晶胞参数为 $a=1.0324$ nm，$b=0.6008$ nm 和 $c=0.4694$ nm。在磷酸铁锂晶体结构中，氧原子以稍微扭曲的六方密堆方式排列。磷原子在氧四面体的 $4c$ 位，铁原子和锂原子分别在氧八面体的 $4c$ 位和 $4a$ 位。在 $b-c$ 平面上 FeO_6 八面体通过共点连结起来。一个 FeO_6 八面体与两个 LiO_6 八面体和一个 PO_4 四面体共棱，而一个 PO_4 四面体则与一个 FeO_6 八面体和两个 LiO_6 八面体共棱，Li^+ 在 $4a$ 位形成共棱的连续直线链并平行 c 轴，使之在充放电过程中可以脱出和嵌入，如图 2-2-1 所示。在磷酸铁锂晶体结构中，O^{2-} 与 P^{5+} 形成 PO_4^{3-} 的聚合四面体稳定了整个三维结构，强的 P—O 共价键形成离域的三维化学键使 $LiFePO_4$ 具有很强的热力学和动力学稳定性，从而使其在高温下更稳定、更安全。而且，O^{2-} 中电子对 P^{5+} 的强极化作用所产生的诱导效应使 P—O 化学键加强，从而减弱了 Fe—O 化学键。P—O—Fe 诱导效应降低了氧化还原电对的能量，Fe^{3+}/Fe^{2+} 氧化还原对的工作电压升高，使磷酸铁锂成为非常理想的锂离子电池正极材料。磷酸铁锂正极材料具有如下优点：较高的锂离子脱嵌电压和平台保持能力（3.4~3.5 V vs Li^+/Li）；较高的理论容量（170 mA·h/g）；结构稳定，安全性能好，循环性能好；原料丰富，合成过程简单，工艺友好；吸湿性小，不易潮湿，便于储存和运输。

实验室常用的制备磷酸铁锂的方法有高温碳热还原法、机械化学法、微波合成法、溶胶-凝胶法、水热法、溶剂热法和共沉淀法等。其中，高温碳热还原法，是工业生产常用的方法。其原理在于：采用化学稳定性好且价廉易得的三价铁化合物为铁源，磷酸二氢铵等为磷源，碳酸锂、氢氧化锂等为锂源，利用炭黑、石墨、有机化合物等碳源作为还原剂，混合均匀后，在惰性气氛下通过高温焙烧获得碳包覆磷酸铁锂材料，如图 2-2-2 所示。由于所有原料都是固态颗粒，且反应在高温固相中完成，所以，保证所有原料充分接触是非常重要的。此外，反应速率与前驱体的颗粒大小、还原剂的种类、混合条件、扩散速率及环境中的杂质等因素关系很大，磷酸铁锂性质主要受到焙烧气氛、温度、压力、前驱体种类和还原剂种类的影响。相对于其他制备方法，高温碳热还原法有利于三价铁的还原、二价铁的稳定、颗粒形貌的控制和碳的包覆，以及磷酸铁锂纯度与电化学性能的保障。

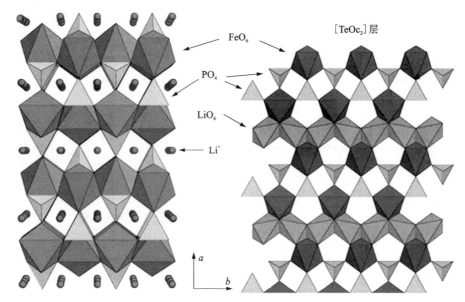

图 2-2-1　磷酸铁锂的晶体结构

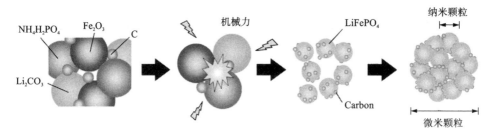

图 2-2-2　碳包覆磷酸铁锂的形成过程

三、仪器（设备）与试剂

1.仪器（设备）：电子天平，药匙，称量纸，量筒，烧杯，行星式球磨机，不锈钢球磨罐，球磨介质，电热鼓风干燥箱，真空干燥箱，管式炉，100 目与 200 目不锈钢手动筛，研钵，研轴。

2.实验试剂：磷酸二氢铵，三氧化二铁，碳酸锂，炭黑，去离子水或无水乙醇，氮气。

四、实验步骤

1.球磨罐与球磨介质的清洗

选取占球磨罐体积 1/3~2/3 的球磨介质，将其倒入球磨罐中，再往球磨罐中加入适量去离子水，以液面高出介质面 2 cm 左右为宜。盖好盖子，借助扳手等工具将盖子密封严实。启动电源开关，设定好转速（300 r/min 左右）与时间（5 min 左右），启动工作开关，球磨机工作至设定时间结束。将球磨介质与去离子水倒在 100 目手动筛中，过滤出球磨介质，并用去离子水冲洗球磨罐与球磨介质。根据球磨罐与球磨介质的清洁情况，可反复清洗多次。

2.前驱体的制备

(1)根据磷酸铁锂分子式的元素组成,按物质的量之比 $n_{Li} : n_{Fe} : n_P = 1.02 : 1 : 1$ 计算称取碳酸锂、三氧化二铁和磷酸二氢铵的质量,称取与三氧化二铁等物质的量的炭黑。

(2)将碳酸锂、三氧化二铁、磷酸二氢铵和炭黑混合物倒入上述清洗好的球磨罐中,并加入清洗好的球磨介质和去离子水。盖好盖子并密封严实,根据需要设置好球磨速度与时间(如 400 r/min 工作 3 h)。球磨机工作结束后,将球磨罐放入 60 ℃ 左右电热鼓风干燥箱中,待溶液蒸发完全后,将球磨罐放回球磨机中,再球磨 5 min 左右。然后将球磨介质与物料一起倒入 200 目手动筛中,进行过筛,得到前驱体。

3.磷酸铁锂正极材料的制备

(1)将前驱体装入小方舟中,将其推至管式炉恒温区,并封闭管式炉两端。

(2)往管式炉中通入氮气,升温至 750 ℃,保温 10 h。

(3)待管式炉随炉冷却至 60 ℃ 以下,取出小方舟,用 200 目手动筛过筛物料,得到磷酸铁锂正极材料。

五、数据处理

1.计算磷酸铁锂正极材料的产率。

2.对磷酸铁锂正极材料形貌与结构进行表征。

3.测试磷酸铁锂正极材料的充放电性能。

六、思考题

1.在高温焙烧制备磷酸铁锂材料时,为什么要采用惰性气氛?

2.磷酸铁锂材料存在哪些不良性能?如何进行改性?

3.磷酸铁锂材料在动力电池领域与储能电池领域均得到了广泛应用,其原因是什么?

七、注意事项

1.原料按计量比称量好后,必须混合均匀。

2.采用球磨机混合原料时,须拧紧球磨罐盖子,防止物料甩出。

3.从管式炉中拿取材料时,必须使用铁丝钩取,并戴上耐高温手套,以免烫伤。

八、附图

采用高温碳热还原法制备的磷酸铁锂材料的典型形貌与元素面分析如图 2-2-3 所示,XRD 分析结果如图 2-2-4 所示。由图 2-2-3 可知,磷酸铁锂材料由粒径为 100~300 nm 的一次颗粒团聚而成,在颗粒的扫描电镜区域内,均检测到了 P、Fe、C 等元素的均匀分布。由图 2-2-4 可知,磷酸铁锂材料衍射峰峰形尖锐,无杂相,特征峰位置与标准谱 JCPDS 83-2092 吻合。制备的磷酸铁锂材料的倍率性能曲线与循环性能曲线如图 2-2-5 所示。由图 2-2-5 可知,该材料显示了良好的倍率性能和循环性能,在 0.1、0.5、1.0、2.0、5.0 和 10.0 C 倍率下的首次放电比容量分别为 165.1、158.8、152.0、145.8、133.2 和 120.2 mA · h/g,在 1.0 C 倍率下循环 100 次后的容量保持率为 98.9%。

扫描二维码见彩图

图 2-2-3 磷酸铁锂材料的 SEM 及元素面分析图

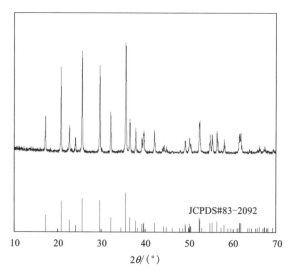

图 2-2-4 磷酸铁锂材料的 XRD 图

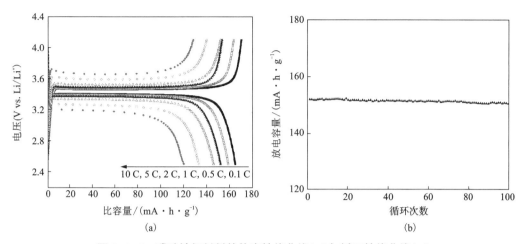

图2-2-5　磷酸铁锂材料的倍率性能曲线(a)与循环性能曲线(b)

九、参考文献

［1］Liu W M, Huang Q Z, Hu G R. A novel preparation route for multi-doped LiFePO$_4$/C from spent electroless nickel plating solution［J］. Journal of Alloys and Compounds, 2015, 632：185-189.

［2］Liu W M, Liu Q L, Qin M L, et al. Inexpensive and green synthesis of multi-doped LiFePO$_4$/C composites for lithium-ion batteries［J］. Electrochimica Acta, 2017, 257: 82-88.

［3］刘万民, 曾芳蓉, 邓继勇. 一种多元掺杂磷酸铁锂/碳复合正极材料的合成方法：ZL201410363064. 8 ［P］. 2016-11-30.

［4］Liu W M, Wang W G, Qin M L, et al. Well-dispersed multi-doped LiFePO$_4$/C composite with excellent electrochemical properties for lithium-ion batteries［J］. International Journal of Electrochemical Science, 2020, 15：5404-5415.

［5］Liu Q L, Liu W M, Li D X, et al. LiFe$_{1-x}$(Ni$_{0.98}$Co$_{0.01}$Mn$_{0.01}$)$_x$PO$_4$/C (x = 0. 01, 0. 03, 0. 05, 0. 07) as cathode materials for lithium-ion batteries［J］. Electrochimica Acta, 2015, 184：143-150.

［6］曹雁冰. 聚阴离子型铁系锂离子电池正极材料的合成及改性研究［D］. 长沙：中南大学, 2010.

［7］Lü Y J, Su J, Long Y F, et al. Effects of ball-to-powder weight ratio on the performance of LiFePO$_4$/C prepared by wet-milling assisted carbothermal reduction［J］. Powder Technology, 2014, 253：467-473.

［8］Hu Y M, Wang G H, Liu C Z, et al. LiFePO$_4$/C nanocomposite synthesized by a novel carbothermal reduction method and its electrochemical performance［J］. Ceramics International, 2016, 42(9)：11422-11428.

［9］Gong C L, Xue Z G, Wen S, et al. Advanced carbon materials/olivine LiFePO$_4$ composites cathode for lithium ion batteries［J］. Journal of Power Sources, 2016, 318：93-112.

［10］Eftekhari A. LiFePO$_4$/C nanocomposites for lithium-ion batteries［J］. Journal of Power Sources, 2017, 343：395-411.

实验三　控制结晶法制备镍钴铝三元正极材料

一、实验目的

1. 掌握控制结晶法制备粉体材料的基本原理。
2. 熟悉控制结晶法制备镍钴铝三元正极材料的操作要领。
3. 了解镍钴铝三元正极材料的电化学特性。

二、实验原理

镍钴铝 $LiNi_{1-x-y}Co_xAl_yO_2$（$x+y \leqslant 0.5$，简称 NCA）三元正极材料是在钴酸锂或镍酸锂材料基础上衍生而来的一类锂离子电池正极材料。因为钴和镍具有相似的电子结构和化学性质，离子尺寸差别小，钴酸锂和镍酸锂可以任意比例形成固溶体 $LiNi_{1-x}Co_xO_2$（$0 \leqslant x \leqslant 1$）而不改变结构，在此基础上加入的铝元素可以进一步提高材料的稳定性和安全性，最典型的代表是 $LiNi_{0.8}Co_{0.15}Al_{0.05}O_2$。NCA 的结构与钴酸锂或镍酸锂的相似，亦为 $\alpha\text{-NaFeO}_2$ 型六方层状结构（如图 2-3-1 所示），理论容量为 275 mA·h/g，实际容量可达 200 mA·h/g 以上。NCA 作为镍酸锂、钴酸锂和铝酸锂三者的类质同相固溶体，同时具备了容量高、热稳定性好和低温性能突出等优点，被认为是能够取代 $LiCoO_2$ 的第二代绿色锂离子电池正极材料。

在众多的制备方法中，控制结晶法是 NCA 正极材料工业化生产最常用的方法。其基本原理是采用适当的工艺参数改变溶液的理化性质，通过控制溶液中各种组分的溶解度来实现结晶。当溶液中的溶质含量超过其饱和溶液中溶质含量时，溶质质点间的引力起主导作用，它们彼此靠拢、碰撞、聚集放出能量，并按一定规律排列而析出，实现结晶过程。控制结晶法制备 NCA 三元正极材料，通常是将镍、钴、铝元素的可溶性盐配制成混合溶液，以碱性溶液作沉淀剂，氨水或碳酸氢铵等作络合剂，将三种溶液并流加入反应釜中，严格控制溶液温度、pH 值、金属离子浓度、反应时间、加料速率等条件，使 $Ni_{0.8}Co_{0.15}Al_{0.05}(OH)_{2.05}$ 或 $Ni_{0.8}Co_{0.15}Al_{0.05}(CO_3)_{1.025}$ 晶体的成核和生长速率保持合适的比例。在此条件下，从溶液中不断析出的 $Ni_{0.8}Co_{0.15}Al_{0.05}(OH)_{2.05}$ 或 $Ni_{0.8}Co_{0.15}Al_{0.05}(CO_3)_{1.025}$ 即可成核、长大、集聚，逐渐生长成为具有一定粒度分布的球形前驱体物料，其反应离子方程式如式（a）或（b），反应装置如图 2-3-2 所示。然后将洗涤处理后的前驱体与锂源按一定比例混合均匀，进行高温焙烧得到 NCA 三元正极材料。控制结晶法可以精确控制各反应组分的含量，使不同元素之间实现分子/原子级水平的均匀混合，容易制备出起始设计比例的最终材料，且颗粒大小可控，振实密度高，流动性好，电化学性能稳定，重现性好。

$$0.8Ni^{2+} + 0.15Co^{2+} + 0.05Al^{3+} + 2.05OH^- \longrightarrow Ni_{0.8}Co_{0.15}Al_{0.05}(OH)_{2.05} \qquad (a)$$

$$0.8Ni^{2+} + 0.15Co^{2+} + 0.05Al^{3+} + 1.025CO_3^{2-} \longrightarrow Ni_{0.8}Co_{0.15}Al_{0.05}(CO_3)_{1.025} \qquad (b)$$

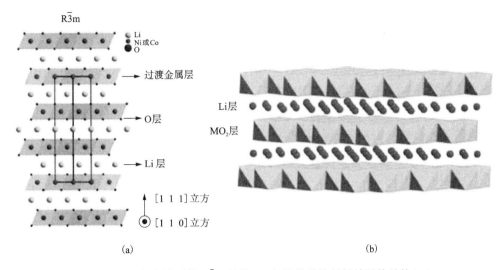

图 2-3-1　有序排列的 R3̄m 结构(a)与层状结构材料的晶体结构(b)

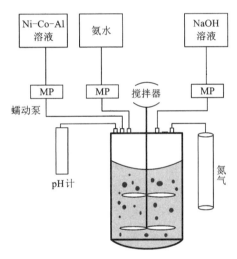

图 2-3-2　控制结晶法反应装置图

三、仪器(设备)与试剂

1.仪器(设备):三元反应釜,机械搅拌器,蠕动泵,电子天平,pH 计,量筒,烧杯,药匙,称量纸,循环水式真空泵,布氏漏斗,抽滤瓶,滤纸,真空干燥箱,管式炉,方舟,200 目不锈钢手动筛,研钵,研轴。

2.实验试剂:硫酸镍,硫酸钴,硫酸铝,氢氧化钠,氨水,去离子水,氢氧化锂,氮气,氧气。

四、实验步骤

1. $Ni_{0.8}Co_{0.15}Al_{0.05}(OH)_{2.05}$ 前驱体的制备

(1)配制 6 mol/L 氢氧化钠溶液,将硫酸镍、硫酸钴和硫酸铝按金属元素物质的量比 n_{Ni} : n_{Co} : n_{Al} =80 : 15 : 5 配制成 2 mol/L 硫酸盐混合溶液。

(2)往反应釜中加入部分去离子水，以 500 r/min 的速率进行搅拌。

(3)待反应釜温度升高至 50 ℃ 时，打开输送氢氧化钠溶液和氨水的蠕动泵，并通入氮气。

(4)打开输送硫酸盐混合溶液的蠕动泵，调节反应体系中的 pH 值稳定在 10.7±0.02，反应 36 h。

(5)反应完成后，将沉淀反复洗涤、过滤 3~5 次。

(6)将沉淀置于 120 ℃ 真空干燥箱中烘干，过 200 目筛，即得球形 $Ni_{0.8}Co_{0.15}Al_{0.05}(OH)_{2.05}$ 前驱体。

2. NCA 正极材料的制备

(1)按金属元素物质的量之比 $n_{Li} : n_{Ni+Co+Al} = 1.05 : 1$，称取氢氧化锂与 $Ni_{0.8}Co_{0.15}Al_{0.05}(OH)_{2.05}$，放入研钵中。

(2)混合研磨均匀后，将物料装入小方舟中，将其推至管式炉恒温区，并封闭管式炉两端。

(3)往管式炉中通入氧气，升温至 550 ℃，保温 2 h。

(4)继续升温至 750 ℃ 后，关闭出气阀门；不断通入氧气至 0.4 MPa 后，关闭进气阀门。

(5)在恒温恒压条件下反应 10 h 后，断开电源。

(6)待管式炉随炉冷却至 60 ℃ 以下，取出物料，用 200 目筛网过筛，得到 NCA 正极材料（注：亦可在流动氧气气氛中烧结得到 NCA 正极材料）。

五、数据处理

1. 分别计算 $Ni_{0.8}Co_{0.15}Al_{0.05}(OH)_{2.05}$ 前驱体和 NCA 正极材料的产率。

2. 对 $Ni_{0.8}Co_{0.15}Al_{0.05}(OH)_{2.05}$ 前驱体和 NCA 正极材料形貌与结构进行表征。

3. 测试 NCA 正极材料的充放电性能。

六、思考题

1. 制备 $Ni_{0.8}Co_{0.15}Al_{0.05}(OH)_{2.05}$ 前驱体时，为什么要往反应釜中通入氮气？

2. 制备 $Ni_{0.8}Co_{0.15}Al_{0.05}(OH)_{2.05}$ 前驱体时，反复洗涤沉淀的目的是什么？

3. 制备 NCA 正极材料时，配入的氢氧化锂为什么要过量？

4. NCA 正极材料中，镍、钴、锰三种元素分别起什么作用？

七、注意事项

1. 量取氨水时，需佩戴防护口罩与防护目镜，避免吸入人体内。

2. 洗涤沉淀过程中产生的废水禁止倒入水池中，必须倒入废液桶中。

3. 从管式炉中拿取材料时，必须使用铁丝钩取，并戴上耐高温手套，以免烫伤。

4. NCA 正极材料必须保存在干燥皿内，或进行真空包装保存。

八、附图

采用控制结晶法制备的 $Ni_{0.8}Co_{0.15}Al_{0.05}(OH)_{2.05}$ 前驱体典型形貌如图 2-3-3 所示，XRD 分析结果如图 2-3-4 所示。由图 2-3-3 可知，$Ni_{0.8}Co_{0.15}Al_{0.05}(OH)_{2.05}$ 为由针状一次颗粒紧密团聚而成的球形或类球形二次颗粒，颗粒大小分布均匀。由图 2-3-4 可知，其衍射特征峰出现在 $2\theta=19.18°$、$32.94°$、$38.44°$、$51.94°$、$58.87°$、$62.45°$、$70.18°$ 和 $72.69°$ 处，相对于纯 $Ni(OH)_2$ 的衍射特征峰(JCPDS 01-1047)稍有偏移，但无杂峰。表明 Co 和 Al 原子成功地替代 Ni 原子进入了 $Ni(OH)_2$ 晶体的晶格中，形成了 $Ni_{0.8}Co_{0.15}Al_{0.05}(OH)_{2.05}$ 固溶体。将控制结晶法制备的 $Ni_{0.8}Co_{0.15}Al_{0.05}(OH)_{2.05}$ 前驱体配入氢氧化锂后，通过高温焙烧获得的 NCA 正极材料的典型形貌如图 2-3-5 所示，XRD 分析结果如图 2-3-6 所示。由图 2-3-5 可知，NCA 保持了前驱体的二次球形形貌，一次颗粒则呈圆柱体形。由图 2-3-6 可知，NCA 材料衍射峰峰形尖锐，特征峰位置与标准谱 JCPDS 87-1562 吻合，表明制备的 NCA 材料为 α-$NaFeO_2$ 结构，无杂相，且特征峰(006)/(012)和(018)/(110)分开明显，材料结晶良好。制备的 NCA 正极材料在 0.2 C 下的第 1 次与第 30 次的充放电曲线如图 2-3-7 所示。由图 2-3-7 可知，该材料的首次放电比容量约为 200 $mA \cdot h/g$，循环 30 次后的容量保持率为 94.7%。

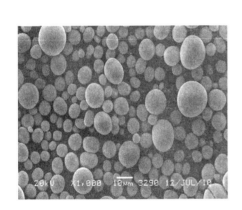

图 2-3-3　$Ni_{0.8}Co_{0.15}Al_{0.05}(OH)_{2.05}$ 前驱体的 SEM

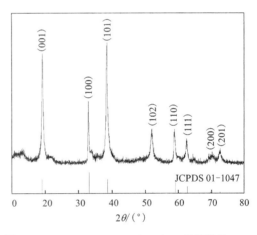

图 2-3-4　$Ni_{0.8}Co_{0.15}Al_{0.05}(OH)_{2.05}$ 前驱体的 XRD

图 2-3-5　NCA 正极材料的 SEM

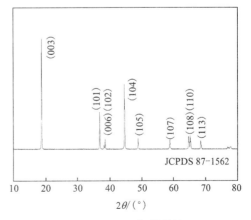

图 2-3-6　NCA 正极材料的 XRD

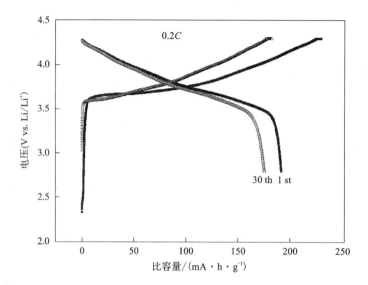

图 2-3-7　NCA 正极材料的第 1 次和第 30 次充放电曲线

九、参考文献

［1］刘万民. 锂离子电池 $LiNi_{0.8}Co_{0.15}Al_{0.05}O_2$ 正极材料的合成、改性及储存性能研究［D］. 长沙：中南大学，2012.

［2］Liu W M，Hu Gr，Peng Z D，et al. Synthesis of spherical $LiNi_{0.8}Co_{0.15}Al_{0.05}O_2$ cathode materials for lithium-ion batteries by a co-oxidation-controlled crystallization method［J］. Chinese Chemical Letters，2011，22(9)：1099-1102.

［3］Hu G R，Liu W M，Peng Z D，et al. Synthesis and electrochemical properties of $LiNi_{0.8}Co_{0.15}Al_{0.05}O_2$ prepared from the precursor $Ni_{0.8}Co_{0.15}Al_{0.05}OOH$［J］. Journal of Power Sources，2012，198：258-263.

［4］刘万民，胡国荣，彭忠东，等. 加压氧化法制备 $LiNi_{0.8}Co_{0.15}Al_{0.05}O_2$ 正极材料［J］. 中国有色金属学报，2013，23(1)：133-140.

［5］刘万民，邓继勇，肖鑫，等. 不同预氧化方式合成 $LiNi_{0.8}Co_{0.15}Al_{0.05}O_2$ 正极材料［J］. 硅酸盐学报，2016，44(10)：1428-1434.

［6］刘万民，秦牡兰，邓继勇，等. 富镍系 $LiNiO_2$ 基正极材料储存性能研究进展［J］. 功能材料，2018，49(12)：12023-12031.

［7］Liu W M，Qin M L，Gao C W，et al. Green and low-cost synthesis of $LiNi_{0.8}Co_{0.15}Al_{0.05}O_2$ cathode material for Li-ion batteries［J］. Materials Letters，2019，246：153-156.

［8］胡国荣，杜柯，彭忠东. 锂离子电池正极材料：原理、性能与生产工艺［M］. 北京：化学工业出版社，2017.

［9］Xu B，Qian D N，Wang Z Y，et al. Recent progress in cathode materials research for advanced lithium ion batteries［J］. Cheminform，2013，73(5/6)：51-65.

［10］Liu W，Oh P，Liu X E，et al. Nickel-rich layered lithium transition-metal oxide for high-energy lithium-ion batteries［J］. Angewandte Chemie International Edition，2015，54(15)：4440-4457.

实验四　喷雾干燥法制备镍钴锰三元正极材料

一、实验目的

1. 掌握喷雾干燥法制备粉体材料的基本原理。
2. 熟悉喷雾干燥法制备镍钴铝三元正极材料的操作要领。
3. 了解镍钴铝三元正极材料的电化学特性。

二、实验原理

与 NCA 正极材料类似，镍钴锰 $LiNi_xCo_yMn_zO_2$（$x+y+z=1$，简称 NCM）三元正极材料也是在钴酸锂或镍酸锂材料基础上衍生而来的一类锂离子电池正极材料。它综合了钴酸锂、镍酸锂和锰酸锂三类正极材料的优点，存在明显的三元协同效应。NCM 正极材料中，Ni 主要为 +2 价，最多可以再失去两个电子变为 +4 价，其相对含量对电池容量有着重要的影响；Co 为 +3 价，在充电过程中可以变为 +4 价，从而可以提高材料的放电容量，既能使材料的层状结构得到稳固，又能减小阳离子的混排程度，便于材料深度放电；Mn 为 +4 价，在充放电过程中，+4 价的 Mn 不参与电化学反应，在材料中起到稳定晶格结构的作用。NCM 在当前新能源领域尤其是新能源汽车行业得到广泛应用。当前行业主流的 NCM 三元正极材料可以分为中镍（以 NCM523 等 5 系为主）、中高镍（以 NCM613、NCM622 等 6 系为主）和高镍（以 NCM811 等 8 系为主），能量密度随着镍含量的提高而提升。NCM 正极材料的结构与 NCA 类似，可参考图2-4-1。

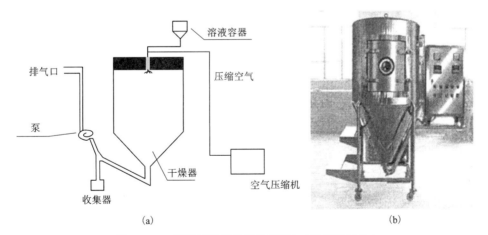

(a)　　　　　　　　　　　　　　(b)

图 2-4-1　喷雾干燥机的结构简图（a）和实物图（b）

喷雾干燥是系统化技术应用于物料干燥的一种方法。喷雾干燥机的工作原理是空气通过过滤器和加热器，进入干燥塔顶部的空气分配器，然后呈螺旋状均匀地进入干燥室。料液由料液槽经过滤器由泵送至干燥塔顶的离心雾化器，使料液喷成极小的雾状液滴，料液与热空气并流接触，水分迅速蒸发，在极短的时间内干燥为成品。成品由干燥塔底部和旋风分离器排出，废气由风机排出。图 2-4-1 是喷雾干燥机的结构简图和实物图。对于锂电正极材料，喷雾干燥的作用在于前期制粒，得到粒度性能优异的前驱体体系，后期仍需高温烧结。按原料的状态不同，喷雾干燥法制备 NCM 三元正极材料，通常有两种工艺：溶液喷雾干燥法和浆料喷雾干燥法。溶液喷雾干燥法采用可溶性盐做为原料，原料混合均匀，但容易出现偏析现象，且产气较多，容易形成大量空心、破碎的不规则粒子。而浆料喷雾干燥法则是采用不可溶的碳酸盐或金属氧化物做原料，原料相对廉价且没有腐蚀性，混合的均匀性可以通过高速搅拌制浆来改善，且得到的产物形貌规整，本节选取浆料喷雾干燥法介绍。浆料喷雾干燥法制备 NCM 三元正极材料，通常是将镍、钴、锰的氧化物或不溶性盐与锂盐通过搅拌机制成均匀浆料，然后对浆料进行喷雾干燥，最后将收集到的粉末进行焙烧得到最终产物，工艺流程图如图 2-4-2 所示。喷雾干燥工艺的效果主要取决于设备本身和浆料性质。

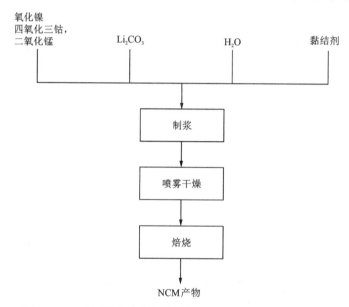

图 2-4-2 喷雾干燥法制备镍钴锰三元正极材料工艺流程图

三、仪器(设备)与试剂

1. 仪器(设备)：喷雾干燥机，机械搅拌器，电子天平，量筒，烧杯，药匙，循环水式真空泵，真空干燥箱，管式炉，200 目筛网。

2. 实验试剂：氧化镍，四氧化三钴，二氧化锰，碳酸锂，去离子水，氧气。

四、实验步骤

1. 原料制浆：以碳酸锂、氧化镍、四氧化三钴、二氧化锰为原料，按三元正极材料的化学计量比，准确称取相应的固体原料，然后加入一定量的水进行混合，在搅拌磨中循环球磨 2 h，制成均匀浆料。为了改善浆料的物理性能，制浆过程中在原料中加入质量分数为 3% 的淀粉作为黏结剂。

2. 浆料喷雾干燥：将得到的均匀浆料通过喷雾干燥机进行干燥，控制进口温度为 350 ℃，压缩空气压力为 0.5 MPa，塔内压力为 -200 Pa 左右，在收集口收集干燥好的前驱体粉末，用 200 目筛网过筛。

3. 前驱体焙烧

(1)将物料装入小方舟中,将其推至管式炉恒温区,并封闭管式炉两端。

(3)往管式炉中通入氧气,升温至 500 ℃,保温 2 h。

(4)继续升温至 700 ℃后,关闭出气阀门;不断通入氧气至 0.4 MPa 后,关闭进气阀门。

(5)在恒温恒压条件下反应 10 h 后,断开电源。

(6)待管式炉随炉冷却至 60 ℃以下,取出物料,用 200 目筛网过筛,得到 NCM 正极材料(注:亦可在流动氧气气氛中烧结得到 NCM 正极材料)。

五、数据处理

1. 对 NCM 正极材料的形貌和结构进行表征。

2. 测试 NCM 正极材料的充放电性能。

六、思考题

1. 制浆过程中,加入黏结剂的目的是什么?除了淀粉,还可以选择添加哪些物质?

2. 喷雾干燥塔内为什么要保持负压?

3. 制备 NCM 正极材料时,锂源(碳酸锂或氢氧化锂)的选择标准是什么?

七、注意事项

1. 操作喷雾干燥塔时,要戴好护目镜和口罩,防止吸入粉尘。

2. 喷雾干燥塔每次实验完后,及时清洗,以免污染下次实验物料。

3. 从管式炉中拿取材料时,必须使用铁丝钩取,并带上耐高温手套,以免烫伤。

八、附图

采用喷雾干燥法制备的 NCM 正极材料典型形貌如图 2-4-3 所示,XRD 分析结果如图 2-4-4 所示。由图 2-4-3 可知,NCM 具有良好的二次球形形貌,粒径分布均匀。由图 2-4-4 可知,NCM 材料衍射峰峰形尖锐,无杂相,且特征峰(006)/(012)和(018)/(110)分开明显,材料结晶良好。制备的 NCM 正极材料在 0.5 C 下的充放电曲线如图 2-4-5 所示。

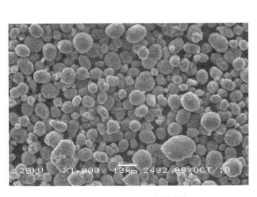

图 2-4-3　NCM 正极材料的 SEM

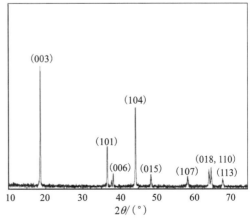

图 2-4-4　NCM 正极材料的 XRD

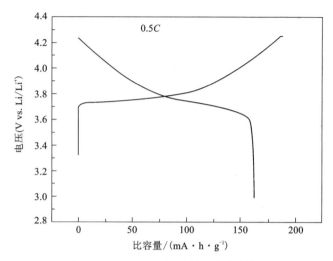

图 2-4-5　NCM 正极材料的充放电曲线

九、参考文献

[1] 刘万民. 锂离子电池 LiNi$_{0.8}$Co$_{0.15}$Al$_{0.05}$O$_2$ 正极材料的合成、改性及储存性能研究[D]. 长沙：中南大学，2012.

[2] Peng Z D, Huang M, Wang W G, et al. Enhancing the structure and interface stability of LiNi$_{0.83}$Co$_{0.12}$Mn$_{0.05}$O$_2$ cathode material for Li-ion batteries via facile CeP$_2$O$_7$ coating[J]. ACS Sustainable Chemistry & Engineering, 2022, 10(15): 4881-4893.

[3] Whittingham M S. Electrical energy storage and intercalation chemistry[J]. Science, 1976, 192(4244): 1126-1127.

[4] Whittingham M S. Lithium batteries and cathode materials[J]. Chem Rev, 2004, 104(10): 4271-4302.

[5] 刘万民, 秦牡兰, 邓继勇, 等. 富镍系 LiNiO$_2$ 基正极材料储存性能研究进展[J]. 功能材料, 2018, 49(12): 12023-12031.

[6] 胡国荣, 杜柯, 彭忠东. 锂离子电池正极材料：原理、性能与生产工艺[M]. 北京：化学工业出版社, 2017.

[7] Wakihara M. Recent developments in lithium ion batteries[J]. Materials Science and Engineering: R: Reports, 2001, 33(4): 109-134.

[8] Beck F, Rüetschi P. Rechargeable batteries with aqueous electrolytes[J]. Electrochimica Acta, 2000, 45(15/16): 2467-2482.

[9] Armand M, Tarascon J M. Building better batteries[J]. Nature, 2008, 451(7179): 652-657.

[10] Dahn J R, Von Sacken U, Juzkow M W, et al. Rechargeable LiNiO$_2$/Carbon cells[J]. Journal of the Electrochemical Society, 1991, 138(8): 2207-2211.

实验五　高温固相法制备锰酸锂正极材料

一、实验目的

1. 掌握高温固相法制备粉体材料的基本原理。
2. 熟悉高温固相法制备锰酸锂正极材料的操作要领。
3. 了解锰酸锂正极材料的电化学特性。

二、实验原理

尖晶石型锰酸锂 $LiMn_2O_4$ 是 Hunter 在 1981 年首先制得的具有三维锂离子通道的正极材料，一直受到国内外很多学者及研究人员的极大关注，它作为电极材料具有价格低、电位高、环境友好、安全性能高等优点。它的理论比容量为 148 mA·h/g，可逆容量在 100~130 mA·h/g 之间，循环 500 次以上仍保持 80% 的容量。如图 2-5-1 所示，尖晶石型锰酸锂属于立方晶系，Fd3m 空间群，单位晶格中含有 56 个原子：8 个锂原子，16 个锰原子，32 个氧原子，其中 Mn^{3+} 和 Mn^{4+} 各占 50%。

高温固相合成法是指在高温(600~1500 ℃)下，固体界面间经过接触、反应、成核、晶体生长反应而生成的一大批复合氧化物，如含氧酸盐类、二元或多元陶瓷化合物等。高温固相法是一种传统的制粉工艺，虽然有其固有的缺点，如能耗大、效率低、粉体不够细、易混入杂质等，但该法制备的粉体颗粒无团聚、填充性好、成本低、产量大、制备工艺简单。当前所有已产业化的锂离子电池正极材料都需要经过高温烧结制备，而像钴酸锂和锰酸锂这些单金属元素正极材料，更是可以通过选取合适的金属源，直接高温烧结制得。

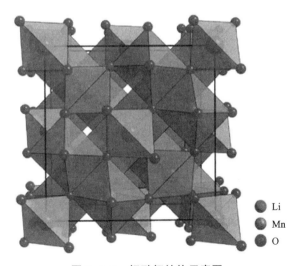

Li
Mn
O

图 2-5-1　锰酸锂结构示意图

三、仪器(设备)与试剂

1. 仪器(设备):研钵,电子天平,药匙真空干燥箱,管式炉,200 目筛网。
2. 实验试剂:电解二氧化锰(EMD),碳酸锂。

四、实验步骤

1. 按化学计量比称取 EMD 和碳酸锂,锂过量5%,置于研钵中。
2. 研磨原料以达到均匀混合的效果,直到肉眼不可见白色颗粒。
3. 混合研磨均匀后,将物料装入小方舟中,将其推至管式炉恒温区进行高温烧结,具体程序为:

(1)以 2 ℃/min 的速率升温至 500 ℃,保温 3 h。

(2)继续以 2 ℃/min 的速率升温至 800 ℃后,保温 10 h,然后停止。

(3)待管式炉随炉冷却至 60 ℃以下,取出物料,用 200 目筛网过筛,得到锰酸锂正极材料(注:亦可在氧气气氛中烧结得到锰酸锂正极材料)。

五、数据处理

1. 计算锰酸锂正极材料的产率。
2. 对锰酸锂正极材料形貌与结构进行表征。
3. 测试锰酸锂正极材料的充放电性能。

六、思考题

1. 是否可以用氢氧化锂制备锰酸锂正极材料?
2. 是否可以用其他含锰化合物作为锰源?
3. 高温固相法制备锂电正极材料可以从哪些方面提高经济性?

七、注意事项

1. 研磨物料必须充分,否则会严重影响产物的物化性能。
2. 从管式炉中拿取材料时,必须使用铁丝钩取,并戴上耐高温手套,以免烫伤。

八、附图

采用高温固相法制备的锰酸锂正极材料典型形貌如图 2-5-2 所示,XRD 分析结果如图 2-5-3 所示。由图 2-5-2 可知,经高温烧结所得的锰酸锂正极材料颗粒紧凑,但粒径分布较宽,这符合高温固相法产品的形貌特点。由图 2-5-3 可知,产品衍射峰尖锐,无杂相,与尖晶石型锰酸锂材料的标准卡片 JCPDS NO.35-0782 相对比,能够清楚地分辨出产品中的 (111)、(311)、(222)、(331)、(511)特征峰。图 2-5-4 是在不同温度下制得产品的充放电曲线,由图可知,烧结温度对产品电化学性能有较大影响。

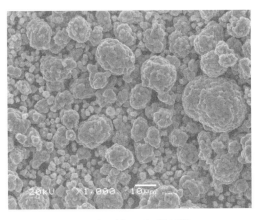

图 2-5-2　锰酸锂正极材料的 SEM

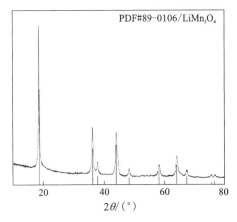

图 2-5-3　锰酸锂正极材料的 XRD

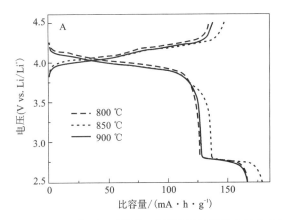

图 2-5-4　不同温度下制得锰酸锂正极材料的充放电曲线

九、参考文献

［1］陈立泉. 锂离子电池正极材料的研究进展［J］. 电池，2002，32（S1）：6-8.

［2］郭炳焜，徐徽，王先友，等. 锂离子电池［M］. 长沙：中南大学出版社，2002：32-33.

［3］Uchiyama T，Nishizawa M，Itoh T，et al. Electrochemical quartz crystal microbalance investigations of $LiMn_2O_4$ thin films at elevated temperatures［J］. Journal of the Electrochemical Society，2000，147（6）：2057-2060.

［4］杜柯，杨亚男，胡国荣，等. 熔融盐法制备 $LiMn_2O_4$ 材料的合成条件研究［J］. 无机化学学报，2008，24（4）：615-620.

［5］彭忠东. 锂离子电池正极材料的合成及中试生产技术研究［D］. 长沙：中南大学，2002.

［6］Ouyang C Y，Shi S Q，Lei M S. Jahn – Teller distortion and electronic structure of LiMn2O4［J］. Journal of Alloys and Compounds，2009，474（1/2）：370-374.

［7］雷钢铁，李朝晖，苏光耀. 尖晶石型 $LiMn_2O_4$ 的制备［J］. 电池，2003，33（3）：164-166.

［8］胡国荣，杜柯，彭忠东. 锂离子电池正极材料：原理、性能与生产工艺［M］. 北京：化学工业出版社，2017.

［9］蒋庆来，胡国荣，彭忠东，等. 二氧化锰原料对固相法制备尖晶石锰酸锂性能的影响［J］. 功能材料，2010，41（9）：1485-1489.

［10］Deng B H, Nakamura H, Yoshio M. Capacity fading with oxygen loss for Manganese spinels upon cycling at elevated temperatures［J］. Journal of Power Sources, 2008, 180(2)：864-868.

实验六　机械活化辅助微波法制备富锂锰基正极材料

一、实验目的

1. 掌握机械活化辅助微波法制备粉体材料的基本原理。
2. 熟悉机械活化辅助微波法制备富锂锰基正极材料的操作要领。
3. 了解富锂锰基正极材料的电化学特性。

二、实验原理

对更高容量的追求是电池材料永恒的研究主题，当前已产业化的锂离子电池正极材料的实际容量都在 200 mA·h/g 以下，同时像三元正极材料所含的 Co 和 Ni 元素，不仅是价格昂贵的稀贵金属，而且有毒会污染环境。在已知正极材料中，富锂锰基正极材料放电比容量达 250 mA·h/g 以上，几乎是目前已商业化正极材料实际容量的 2 倍左右；同时这种材料以较便宜的锰元素为主，贵重金属含量少，与常用的钴酸锂和镍钴锰三元系正极材料相比，不仅成本低，而且安全性好。因此，富锂锰基正极材料被视为下一代锂动力电池的理想之选，是锂电池突破 400 W·h/kg，甚至 500 W·h/kg 的技术关键。

富锂锰基正极材料的成分可以用通式 $x\text{Li}_2\text{MnO}_3 \cdot (1-x)\text{LiTMO}_2$（TM = Ni，Mn，Co 等）表示。从通式可以看出，该类材料的结构可以看成由层状 Li_2MnO_3（$\text{Li}[\text{Li}_{1/3}\text{Mn}_{2/3}]\text{O}_2$）和 LiMO_2（M = Mn，Co，Ni，Cr）构成的固溶体。如图 2-6-1 所示，Li_2MnO_3 具有与 LiCoO_2 类似的层状岩盐结构，可以按传统层状结构表示为 $\text{Li}[\text{Li}_{1/3}\text{Mn}_{2/3}]\text{O}_2$。$\text{Li}_2\text{MnO}_3$ 与 LiCoO_2 的区别在于过

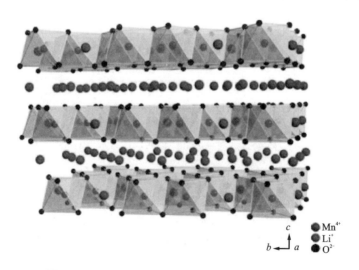

● Mn⁴⁺
● Li⁺
● O²⁻

图 2-6-1　$\text{Li}[\text{Li}_{1/3}\text{Mn}_{2/3}]\text{O}_2$（$\text{Li}_2\text{MnO}_3$）结构示意图

渡金属层由 1/3 Li$^+$ 和 2/3 Mn^{4+} 组成。Li$^+$ 和 Mn^{4+} 占据过渡金属层，使得 Li[Li$_{1/3}$Mn$_{2/3}$]O$_2$ 的对称性从 R3m 降低为 C2/m。由于结构相似，Li$_2$MnO$_3$ 和 LiMO$_2$（M=Mn，Co，Ni 等）之间可以形成固溶体，其中 Li$^+$ 层与含 Li$^+$、Mn^{4+} 和 M^{3+} 的混合金属层在氧立方密堆积结构中交替排列。

高能机械球磨是一种制备细微材料的有效且经济的工艺，在机械球磨过程中物料的状态会发生改变，倾向于不定型态，从而使得处理后的原料具有更高的化学活性，而化学活性高的物质在煅烧过程中更容易成型。当前几乎所有锂电正极材料的制备都需要将锂源与其他物料的混合物进行高温烧结，工业化生产更是如此。目前普遍采用电阻烧结炉，但该类型设备能耗高，而且加热是通过从表面向材料内部的方式完成，因此存在传热效率低和热传导不均匀的缺点。近年来微波法作为一种新型的加热工艺获得了越来越广泛的工业化应用，其原理是通过磁场激发物质内部的分子运动，使分子内部互相摩擦，从而将电磁能转换为分子热能。与电阻炉加热方式不同，微波加热是一种从材料内部向外部加热的扩散式加热方式，因此材料的受热更加均匀，且致密度更高（如图 2-6-2 所示）。同时微波法还具有加热时间短，能量利用率高的优点，这对于工业化生产具有极其重要的意义。

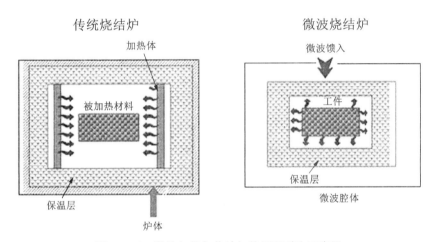

图 2-6-2　微波加热与传统加热原理对比示意图

三、仪器（设备）与试剂

1. 仪器（设备）：微波炉，球磨机（含球磨罐和氧化锆球），电子天平，pH 计，量筒，烧杯，药匙，真空干燥箱，坩埚，200 目筛网。

2. 实验试剂：富锂锰基碳酸盐前驱体，碳酸锂，无水乙醇，氧气。

四、实验步骤

1. 机械活化前驱体

（1）按化学计量比称取富锂锰基碳酸盐前驱体和碳酸锂，碳酸锂过量 5%。

（2）将所称取物料置于球磨罐中，按球料比 10∶1 放入氧化锆球，加入没过球料的无水乙醇。

（3）设置球磨程序，球磨机开始工作。

(4)球磨机停止转动后，将罐子取下置于真空干燥箱内，干燥箱温度设定为120 ℃，干燥时间10 h。

(5)将球磨罐从干燥箱取出，用200目筛网分离氧化锆球与物料。

2. 微波法烧结富锂锰基正极材料

(1)将机械活化所得物料装入坩埚中，置于微波炉内。

(2)炉内通入氧气，升温至500 ℃，保温20 min。

(3)继续升温至900 ℃后，保温30 min。

(4)停止加热随炉冷却至60 ℃以下，取出物料，用200目筛网过筛，得到富锂锰基正极材料。

五、数据处理

1. 对富锂锰基正极材料形貌与结构进行表征。

2. 测试富锂锰基正极材料的充放电性能。

六、思考题

1. 机械活化是否可用于其他锂电正极材料的制备？

2. 微波烧结应用于锂电正极材料产业化的制约因素有哪些？

3. 富锂锰基正极材料的首次充放电曲线为何与之后的有明显区别？

七、注意事项

1. 球磨机停止工作后，罐体内可能含有气体，因此需要缓慢打开盖子，防止喷料。

2. 从微波炉内取料时需要用红外测温枪确定样品温度，以免烫伤。

八、附图

采用机械活化辅助微波法制备的富锂锰基正极材料典型形貌如图2-6-3所示，XRD分析结果如图2-6-4所示。由图2-6-3可知，微波烧结制得的富锂锰基正极材料二次颗粒致密，颗粒大小分布均匀。由图2-6-4可知，富锂锰基正极材料在20°~25°之间的衍射峰为超晶格峰，这是由Li和Mn在过渡层中的有序排列引起的，且006/102和108/110峰都可见明显分裂，这表明晶体结构完整。图2-6-5是富锂锰基正极材料的首次充放电曲线图，由图可以看出，富锂锰基正极材料的首次充放电曲线与NCM和NCA的有一个很大的区别，即富锂锰基正极材料的首次充电曲线可以观察到两个不同的区域。在4.5 V以内，传统层状结构$LiMO_2$中的镍和钴化合价升高，同时常规层状结构中的锂离子从正极脱出嵌入负极，Li_2MnO_3层中的部分锂离子也脱出进入层状结构(事实上发挥补锂剂作用)等。在4.5 V以上出现的新平台则被多数研究者归因于Li_2MnO_3层(和该层在高电压下体现出电化学活性相应)的贡献，包括部分锰的变价，部分结构氧流失为氧气并形成氧空位，−2价氧失电子变为−1价氧提供电荷补偿，锂离子从过渡金属层中脱出形成Li_2O并使得材料结构重排为传统层状结构，锂、锰、氧有复杂的电荷补偿关系等。

图 2-6-3　富锂锰基正极材料的 SEM

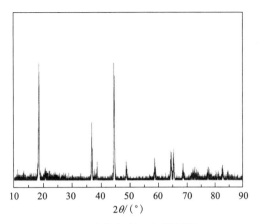

图 2-6-4　富锂锰基正极材料的 XRD

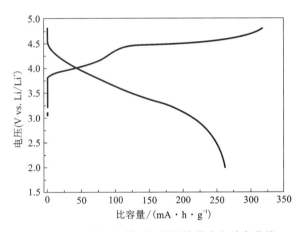

图 2-6-5　富锂锰基正极材料的首次充放电曲线

九、参考文献

［1］胡国荣，王伟刚，杜柯，等. 溶液处理富锂锰基固溶体 $Li_{1.2}Mn_{0.54}Ni_{0.13}Co_{0.13}O_2$［J］. 中国科学：化学，2014，44（8）：1362-1368.

［2］王伟刚，胡国荣，周兴华，等. 富锂锰基正极材料 $Li[Li_{0.2}N_{0.2}Mn_{0.6}]O_2$ 的纳米 TiO_2 掺杂改性［J］. 华南理工大学学报（自然科学版），2017，45（10）：39-45.

［3］Wang W. G.，Hu G R，Peng Z D，et al. Nano-sized over-lithiated oxide by a mechano-chemical activation-assisted microwave technique as cathode material for lithium ion batteries and its electrochemical performance［J］. Ceramics International，2018，44（2）：1425-1431.

［4］Xue Z C，Qi X Y，Cao Y B，et al. Enhanced electrochemical performance of over-lithiated oxide via liquid nitrogen quenching technique for lithium ion battery［J］. Ceramics International，2018，44（15）：19033-19037.

［5］胡国荣，王伟刚，杜柯，等. 表面化学侵蚀改性富锂层状正极材料 $Li[Li_{0.2}Mn_{0.54}Ni_{0.13}Co_{0.13}]O_2$（英文）［J］. 无机化学学报，2018，34（1）：63-72.

［6］胡国荣，杜柯，彭忠东. 锂离子电池正极材料：原理、性能与生产工艺［M］. 北京：化学工业出版社，2017.

[7] 王兆翔,陈立泉,黄学杰.锂离子电池正极材料的结构设计与改性[J].化学进展,2011,23(2):284-301.

[8] Zheng F H, Yang C H, Xiong X H, et al. Nanoscale surface modification of lithium-rich layered-oxide composite cathodes for suppressing voltage fade[J]. Angewandte Chemie International Edition, 2015, 54(44): 13058-13062.

[9] 杜柯,周伟瑛,胡国荣,等.锂离子电池正极材料 Li[Li$_{0.2}$Mn$_{0.54}$Ni$_{0.13}$Co$_{0.13}$]O$_2$ 的合成及电化学性能研究[J].化学学报,2010,68(14):1391-1398.

[10] Min J W, Yim C J, Bin Im W. Preparation and electrochemical characterization of flower-like Li$_{1.2}$Ni$_{0.17}$Co$_{0.17}$Mn$_{0.5}$O$_2$ microstructure cathode by electrospinning[J]. Ceramics International, 2014, 40(1): 2029-2034.

实验七　室温液相法制备六氟铁酸钠正极材料

一、实验目的

1. 掌握室温液相法制备粉体材料的基本原理。
2. 熟悉室温液相法制备六氟铁酸钠正极材料的操作要领。
3. 了解六氟铁酸钠正极材料的电化学特性。

二、实验原理

近年来,铁基化合物(如 FeF$_3$、FeF$_2$、FeOF、Li$_3$FeF$_6$、NaFeF$_3$ 和 Na$_3$FeF$_6$ 等)因其无毒害、低成本和高容量等优点,在锂离子电池和钠离子电池中占据了一席之地。其中,六氟铁酸钠(Na$_3$FeF$_6$)为冰晶石型结构,属于单斜晶系,P2I/c 空间群,晶胞参数为 $a=55.06$ nm,$b=57.19$ nm 和 $c=79.25$ nm;铁离子位于扭曲的八面体 FeF$_6$ 上,三个钠离子 Na1、Na2 和 Na3 分别位于扭曲的八面体 NaF$_6$、双棱锥体 NaF$_5$ 和扭曲的四面体 NaF$_4$ 上;Na1 八面体位和 Na3 四面体位共角,Na1 八面体位和 Na2 双棱锥体位共边,Fe 位与 Na1 位共角,Na2 位和 Na3 位共边,如图 2-7-1 所示。六氟铁酸钠具有储存锂离子和钠离子的能力,可作为锂离子电池和钠离子电池材料使用。

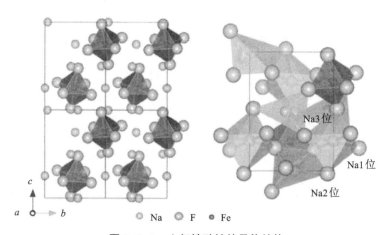

图 2-7-1　六氟铁酸钠的晶体结构

早在 2012 年，有研究者以氟化钠和氟化铁为原料，采用高能球磨法，在氩气气氛下制备了碳包覆六氟铁酸钠材料，但该法制备的材料粒度不均匀，团聚严重，杂质多，电化学性能差。其后，又有研究者以九水硝酸铁、氢氟酸、碳酸钠和石墨/炭黑或碳纳米管为原料，结合液相沉淀法与高能球磨法制备了碳包覆六氟铁酸钠材料与碳纳米管包覆六氟铁酸钠材料。相较于单一的高能球磨法，该方法制备的材料在锂离子电池中的电化学性能有较大提升，但是工艺路线长，原料氢氟酸腐蚀性强、毒性大。室温液相法制备氟铁酸钠材料则是利用六氟铁酸钠在水溶液中的低溶解度特性，在室温下以九水硝酸铁和氟化钠为原料，通过铁离子、钠离子与氟离子三者之间的液相反应生成米黄色沉淀，经过过滤、洗涤、干燥后，即获得米黄色六氟铁酸钠晶体。其化学反应方程式如（a）所示。其制备流程图如图 2-7-2 所示。

$$Fe(NO_3)_3 \cdot 9H_2O + 6NaF \longrightarrow Na_3FeF_6 \downarrow + 3NaNO_3 + 9H_2O \qquad (a)$$

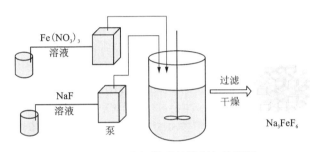

图 2-7-2　六氟铁酸钠的制备流程图

三、仪器（设备）与试剂

1. 仪器（设备）：电子天平，药匙，称量纸，量筒，烧杯，机械搅拌器，蠕动泵，循环水式真空泵，布氏漏斗，抽滤瓶，滤纸，行星式球磨机，不锈钢球磨罐，球磨介质，电热鼓风干燥箱，真空干燥箱，100 目与 200 目不锈钢手动筛，研钵，研轴。

2. 实验试剂：九水硝酸铁，氟化钠，乙炔黑，去离子水，无水乙醇。

四、实验步骤

1. 六氟铁酸钠材料的制备

（1）按计量比称取氟化钠和硝酸铁的质量，分别配制 2 L 的 0.5 mol/L 溶液。

（2）25 ℃下，将氟化钠溶液与硝酸铁溶液分别通过蠕动泵输入容积为 5 L 且已装有 250 mL 去离子水的烧杯中；同时开动机械搅拌，搅拌速度为 400 r/min。

（3）反应 6 h 后，停止搅拌。将沉淀反复洗涤、过滤 3~5 次。

（4）将沉淀置于 120 ℃真空干燥箱中烘干，用 200 目筛网过筛，即得六氟铁酸钠材料。

2. 球磨罐与球磨介质的清洗

参见本书实验二中实验步骤第 1 步。

3. 碳包覆六氟铁酸钠材料的制备

为进一步提升六氟铁酸钠材料的电化学性能，可按质量比 7∶3 称取六氟铁酸钠与乙炔黑，将其倒入清洗干净的球磨罐中，并加入球磨介质与无水乙醇，以 500 r/min 的速度在行星式球磨机中球磨 3 h。球磨机工作结束后，将球磨罐放入 120 ℃真空干燥箱中，待无水乙醇蒸发完全后，将球磨罐放回球磨机中，再球磨 5 min。然后将球磨介质与物料一起倒入 200 目手动筛中，进行过筛，得到碳包覆六氟铁酸钠材料。

五、数据处理

1. 计算六氟铁酸钠材料的产率。
2. 对六氟铁酸钠材料形貌与结构进行表征。
3. 测试六氟铁酸钠材料在锂离子电池与钠离子电池中的电化学性能。

六、思考题

1. 当六氟铁酸钠作为锂离子电池材料或钠离子电池材料使用时，具有哪些优缺点？
2. 采用室温液相法制备六氟铁酸钠材料具有哪些优点？
3. 如何进一步提升六氟铁酸钠材料的电化学性能？

七、注意事项

1. 称取九水硝酸铁时，必须快速操作；或在干燥房中称取。
2. 六氟铁酸钠材料必须保存在干燥皿内，或进行真空包装保存。
3. 可根据实验教学课时安排，决定是否开设碳包覆六氟铁酸钠材料的制备实验。

八、附图

采用室温液相法制备的六氟铁酸钠材料典型形貌如图 2-7-3 所示，XRD 分析结果如图 2-7-4 所示。由图 2-7-3 可知，六氟铁酸钠晶体呈规则的正方体或长方体，边长为 1~3 μm。由图 2-7-4 可知，六氟铁酸钠材料的特征峰峰形尖锐，位置与标准谱 JCPDS 22-1381 吻合。制备的六氟铁酸钠材料在锂离子电池与钠离子电池中 0.1 C 下的第 1、2 与 100 次充放电曲线如图 2-7-5 所示。由图 2-7-5(a)可知，该材料在锂离子电池中有一个充电平台和两个放电平台，其首次放电比容量为 472.8 mA·h/g，循环 100 次后的容量保持率为 42.9%；而在钠离子电池中没有明显的充电平台但有一个明显的放电平台，其首次放电比容量和循环 100 次后的容量保持率分别为 121.1 mA·h/g 和 58.1%[图 2-7-5(b)]。

图 2-7-3　六氟铁酸钠的 SEM

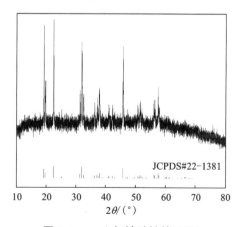

图 2-7-4　六氟铁酸钠的 XRD

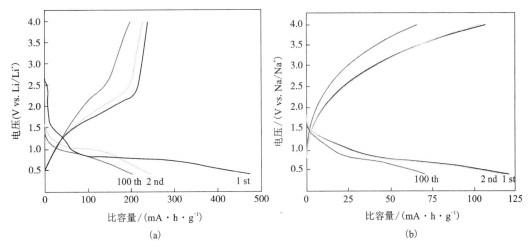

图 2-7-5　氟铁酸钠材料在锂离子电池(a)和钠离子电池(b)中的第 1、2 和 100 次充放电曲线

九、参考文献

[1] Lee J, Kang B. Novel and scalable solid-state synthesis of a nanocrystalline FeF$_3$/C composite and its excellent electrochemical performance[J]. Chemical Communications, 2016, 52(60): 9414-9417.

[2] He K, Zhou Y N, Gao P, et al. Sodiation via heterogeneous disproportionation in FeF$_2$ electrodes for sodium-ion batteries[J]. ACS Nano, 2014, 8(7): 7251-7259.

[3] Zhu J, Deng D. Wet-chemical synthesis of phase-pure FeOF nanorods as high-capacity cathodes for sodium-ion batteries[J]. Angewandte Chemie, 2015, 127(10): 3122-3126.

[4] Basa A, Gonzalo E, Kuhn A, et al. Reaching the full capacity of the electrode material Li$_3$FeF$_6$ by decreasing the particle size to nanoscale[J]. Journal of Power Sources, 2012, 197: 260-266.

[5] Kravchyk K, Zünd T, Wörle M, et al. NaFeF$_3$ nanoplates as low-cost sodium and lithium cathode materials for stationary energy storage[J]. Chemistry of Materials, 2018, 30(6): 1825-1829.

[6] Shakoor R A, Lim S Y, Kim H, et al. Mechanochemical synthesis and electrochemical behavior of Na$_3$FeF$_6$ in sodium and lithium batteries[J]. Solid State Ionics, 2012, 218: 35-40.

[7] Sun S B, Shi Y L, Bian S L, et al. Enhanced charge storage of Na$_3$FeF$_6$ with carbon nanotubes for lithium-ion batteries[J]. Solid State Ionics, 2017, 312: 61-66.

[8] Guo H X, Liu W M, Qin M L, et al. Room-temperature liquid-phase synthesis of Na$_3$FeF$_6$ and its lithium/sodium storage properties[J]. Materials Research Express, 2019, 6(8): 085507.

[9] 刘万民, 唐俊, 秦牡兰, 等. 一种适用于钠或锂离子电池的正极材料六氟铁酸钠及其包覆材料的制备方法: 201710440651.6[P]. 2017-06-12.

[10] Liu W M, Wang W G, Qin M L, et al. Successive synthesis and electrochemical properties of Na$_3$FeF$_6$ and NaFeF$_3$/C cathode materials for lithium-ion and sodium-ion batteries[J]. Ceramics International, 2020, 46(8): 11436-11440.

[11] 刘万民, 秦牡兰, 邓继勇. 一种电解制备六氟铁酸钠的方法: CN109252181A[P]. 2020-09-01.

实验八 溶胶–凝胶法制备铁锰酸钠正极材料

一、实验目的

1. 掌握溶胶–凝胶法的基本原理。
2. 熟悉溶胶–凝胶法制备铁锰酸钠正极材料的操作要领。
3. 了解铁锰酸钠正极材料的电化学性能。

二、实验原理

1. 铁锰酸钠正极材料简介

层状过渡金属氧化物一般可简写为 Na_xMO_2，其中 M 代表一种或者多种具有不同价态的过渡金属阳离子。根据 Na 离子占位不同，通常将 Na_xMO_2 分为 P2 型(Na 离子位于三棱柱间隙，O 离子以 AB–BA 堆积)和 O3 型(Na 离子位于八面体间隙，O 离子以 ABC–ABC 堆积)，如图 2-8-1 所示，其中 P2 型结构在充放电过程中钠离子的扩散主要在三棱柱的面间进行，而 O3 型结构中钠离子的扩散则主要通过八面体结构中的棱间进行。与 O3 型材料相比，P2 型材料由于结构中三棱柱构型的配位结构具有较小的阻抗，便于 Na^+ 的扩散，从而可以使材料获得更优异的电化学性能。其中层状过渡金属氧化物 P2 型铁锰基 $Na_x[Fe_yMn_{1-y}]O_2$ 正极材料具有理论比容量高、储量丰富、元素环保、价格低廉等优势而受到研究者的广泛关注。

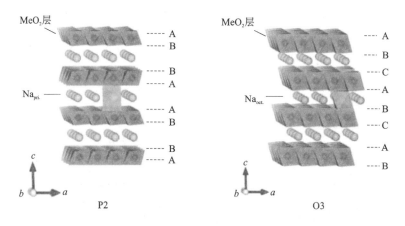

图 2-8-1 P2 型和 O3 型层状氧化物的结构示意图

Komaba 等首次使用高温固相法合成了 P2 型 $Na_{2/3}[Fe_{1/2}Mn_{1/2}]O_2$ 材料，不仅获得了高达 190 mA·h/g 的比容量，并且证实了 Fe 可以用在钠离子电池电极材料上，此后开启了 P2 型铁锰酸钠正极材料的研究。但 P2 型 $Na_{2/3}[Fe_{1/2}Mn_{1/2}]O_2$ 正极材料在高电位极化比较大，在循环过程中发生相变引起结构不稳定，导致其循环性能和倍率性能差。此外，P2 型 $Na_{2/3}[Fe_{1/2}Mn_{1/2}]O_2$ 正极材料对空气中的 CO_2 和 H_2O 较为敏感，合成和测试过程需要在保护性气氛下进行，不便于存储，限制了其应用。目前对 P2 型 $Na_{2/3}[Fe_{1/2}Mn_{1/2}]O_2$ 正极材料的改性手段主要包括元素掺杂和表面包覆。

2. 溶胶–凝胶法制备铁锰酸钠的原理

P2 型 $Na_{2/3}[Fe_{1/2}Mn_{1/2}]O_2$ 正极材料的制备方法主要包括高温固相法、溶胶–凝胶法、溶液燃烧法和喷雾干燥法。溶胶–凝胶法与其他方法相比具有许多独特的优点：①溶胶–凝胶法所用原料被分散到溶剂中形成溶液，因此可以获得分子水平的均匀性；②由于经过溶液反应步骤，能均匀定量地掺入一些微量元素，实现分子水平上的均匀掺杂；③溶胶凝胶体系中组分的扩散在纳米范围内，因此反应容易进行且反应温度较低；④选择合适的条件可以制备各种新型材料。

按产生溶胶凝胶过程机制，溶胶–凝胶法主要分成三种类型：①传统胶体型。通过控制溶液中金属离子的沉淀过程，使形成的颗粒不团聚而得到稳定均匀的溶胶，再经过蒸发得到凝胶。②无机聚合物型。通过可溶性聚合物在水中或有机相中的溶胶过程，使金属离子均匀分散到其凝胶中。③络合物型。通过络合剂将金属离子形成络合物，再经过溶胶凝胶过程形成络合物凝胶。

溶胶–凝胶法制备 P2 型 $Na_{2/3}[Fe_{1/2}Mn_{1/2}]O_2$ 正极材料的化学过程首先是将硝酸盐作为原料分散在溶剂中，然后加入柠檬酸作为络合剂，利用络合剂与金属离子的络合反应制备溶胶，再经过干燥和热处理制备出成分均匀的正极材料。

三、仪器(设备)与试剂

1. 仪器(设备)：超级恒温水浴锅、电热鼓风干燥箱、马弗炉。
2. 实验试剂：硝酸钠、九水合硝酸铁、乙酸锰、一水合柠檬酸。

四、实验步骤

1. 分别称取 12 mmol 硝酸钠、9 mmol 九水合硝酸铁和 9 mmol 乙酸锰于同一烧杯中，加入 30 mL 去离子水搅拌溶解。
2. 往溶液中加入 20 mL 柠檬酸(30 mmol)溶液作为络合剂，继续搅拌使其发生络合反应生成溶胶。
3. 将溶胶溶液在 60 ℃加热蒸发水分，直至获得砖红色凝胶。
4. 将凝胶置于鼓风干燥箱中 80 ℃干燥 12 h，直至获得暗黄色干凝胶后，进行研磨。
5. 将粉末置于马弗炉中 450 ℃预煅烧 4 h 得前躯体。
6. 将前驱体置于马弗炉中 900 ℃煅烧 10 h，随后随炉冷却至 60 ℃以下，取出物料，将所制得的黑色粉末立即装袋后获得最终产物 $P2-Na_{2/3}[Fe_{1/2}Mn_{1/2}]O_2$ 正极材料。

五、数据处理

1. 计算铁锰酸钠正极材料的产率。
2. 对铁锰酸钠正极材料形貌与结构进行表征。
3. 测试铁锰酸钠正极材料的充放电性能。

六、思考题

1. 制备铁锰酸钠正极材料时，加入柠檬酸的作用是什么？
2. 制备铁锰酸钠正极材料时，在 450 ℃预煅烧的目的是什么？

3. 铁锰酸钠正极材料应该怎样保存?

七、注意事项

1. 凝胶在鼓风干燥箱中应充分干燥后再进行研磨。

2. 从马弗炉中拿取材料时,必须使用铁丝钩取,并戴上耐高温手套,以免烫伤。

八、附图

图 2-8-2 是产物的 XRD 图,合成的材料可以完全索引为 P2 型 $Na_{2/3}Fe_{1/2}Mn_{1/2}O_2$(六方晶系,空间群 $P6_3/mmc$)。图 2-8-3 是产物的 SEM 图,合成的 P2 型 $Na_{2/3}Fe_{1/2}Mn_{1/2}O_2$ 正极材料具有规整的片状结构,其厚度为 200~400 nm。

图 2-8-4 是产物的充放电曲线图。合成的 P2 型 $Na_{2/3}[Fe_{1/2}Mn_{1/2}]O_2$ 正极材料在 3.4 V 和 2.1 V 有两个放电电压平台,分别对应 Fe^{3+}/Fe^{4+} 和 Mn^{3+}/Mn^{4+} 的还原反应,前三次循环时分别获得了 243、236 和 229 mA·h/g 的放电比容量。

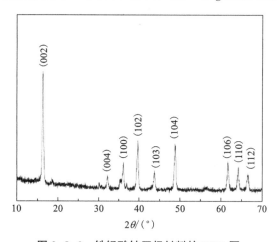

图 2-8-2 铁锰酸钠正极材料的 XRD 图

图 2-8-3 铁锰酸钠正极材料的 SEM 图

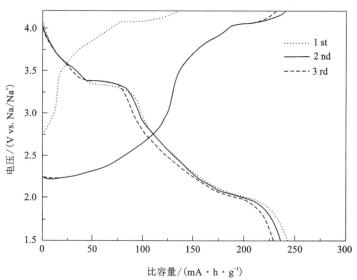

图 2-8-4 铁锰酸钠正极材料的充放电曲线图

九、参考文献

[1] Yabuuchi N, Kajiyama M, Iwatate J, et al. P2−type $Na_x[Fe_{1/2}Mn_{1/2}]O_2$ made from earth−abundant elements for rechargeable Na batteries[J]. Nature Materials, 2012, 11(6): 512−517.

[2] Qin M L, Yin C Y, Xu W, et al. Facile synthesis of high capacity P2−type $Na_{2/3}Fe_{1/2}Mn_{1/2}O_2$ cathode material for sodium−ion batteries[J]. Transactions of Nonferrous Metals Society of China, 2021, 31(7): 2074−2080.

[3] Park K, Han D, Kim H, et al. Characterization of a P2−type chelating−agent−assisted $Na_{2/3}Fe_{1/2}Mn_{1/2}O_2$ cathode material for sodium−ion batteries[J]. RSC Advances, 2014, 4(43): 22798−22802.

[4] 潘春旭, 方鹏飞, 汪大海. 材料物理与化学实验教程[M]. 长沙: 中南大学出版社, 2008.

[5] 曹茂盛, 陈笑, 杨郦. 材料合成与制备方法[M]. 3 版. 哈尔滨: 哈尔滨工业大学出版社, 2008.

[6] 刘树信, 何登良, 刘瑞江. 无机材料制备与合成实验[M]. 北京: 化学工业出版社, 2015.

[7] 朱继平, 李家茂, 罗派峰. 材料合成与制备技术[M]. 北京: 化学工业出版社, 2018.

[8] Bai Y, Zhao L X, Wu C, et al. Enhanced sodium ion storage behavior of P2−type $Na_{2/3}Fe_{1/2}Mn_{1/2}O_2$ synthesized via a chelating agent assisted route[J]. ACS Applied Materials & Interfaces, 2016, 8(4): 2857−2865.

[9] Park J K, Park G G, Kwak H H, et al. Enhanced rate capability and cycle performance of titanium−substituted P2−type $Na_{0.67}Fe_{0.5}Mn_{0.5}O_2$ as a cathode for sodium−ion batteries[J]. ACS Omega, 2018, 3(1): 361−368.

[10] Chang Y J, Xie G H, Zhou Y M, et al. Enhancing storage performance of P2−type $Na_{2/3}Fe_{1/2}Mn_{1/2}O_2$ cathode materials by Al_2O_3 coating[J]. Transactions of Nonferrous Metals Society of China, 2022, 32(1): 262−272.

实验九　水热法制备二氧化钒正极材料

一、实验目的

1. 掌握水热法的基本原理。
2. 熟悉水热法制备二氧化钒正极材料的方法。
3. 了解二氧化钒正极材料的电化学特性。

二、实验原理

1. 二氧化钒简介

VO_2 是一种很重要的二元钒氧化物, 深蓝色晶体粉末, 单斜晶系结构, 主要以五种晶体相形式存在, 包括四角金红石相 $VO_2(R)$、单斜相 $VO_2(M)$、亚稳相 $VO_2(A)$、$VO_2(B)$ 和 $VO_2(C)$。单斜相 $VO_2(M)$ 属于半导体, 对红外光具有高的透过率; 金红石相 $VO_2(R)$ 属于导体, 对红外光具有高的反射率。低温单斜相 $VO_2(M)$ 和高温金红石相 $VO_2(R)$ 能在 68 ℃发生完全可逆的半导体(绝缘体)-金属相变而备受关注。相变前后其电阻(率)发生 4~5 个数量级的突变, 同时还伴随着磁化率、光学折射率、透射率和反射率的突变, 这些性质使 VO_2 在各类传感器、光电开关、光存储器件和红外探测器等方面有广泛的应用前景。

$VO_2(B)$ 属单斜晶系, 空间群为 C2/m, 其晶体结构是由 VO_6 八面体通过共边连接, 层间通过每对八面体突起的顶点相连形成三维结构, 如图 2-9-1 所示, 这种开放的骨架结构可供锂离子在其层间快速嵌入/脱出。$VO_2(B)$在1~4 V电压区间内能提供高达320 mA·h/g的可逆容量并支持大电流充放电，因而可用作锂离子电池正极材料而被广泛研究。用传统的高温反应很难合成$VO_2(B)$，因为这种结构在300 ℃以上会不可逆地转变成热稳定的金红石相$VO_2(R)$，而金红石相不具备好的电化学性能，因而通常通过低温化学方法合成$VO_2(B)$。

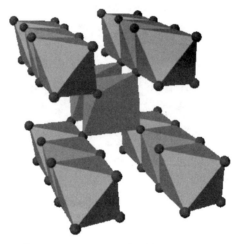

图 2-9-1　$VO_2(B)$的晶体结构示意图

2.水热法合成二氧化钒的原理

水热法是制备$VO_2(B)$的一种常用方法，可用来制备不同形貌的$VO_2(B)$，获得良好的电化学性能。水热法是指在特制的密闭反应釜中，采用水溶液作为反应体系，通过对反应体系加热、加压(或自生蒸气压)，创造一个相对高温、高压的反应环境，使得通常难溶或不溶的物质溶解并且重结晶而进行无机材料合成与处理的有效方法。按反应温度分类，水热法可分为低温水热法、中温水热法和高温高压水热法；按设备的差异分类，水热法可分为"普通水热法"和"特殊水热法"；根据反应类型分类，水热法可分为水热还原、水热氧化、水热沉淀、水热合成、水热分解、水热晶化等。

相对于其他传统材料的制备方法，水热法主要具有以下优点：①水热法主要采用中低温液相控制，不需要高温处理即可得到晶型完整、粒度分布均匀、分散性良好的产物，工艺较简单且能耗相对较低；②通过改变反应温度、压力、反应时间等因素有效控制水热反应过程和晶体生长情况；③适用性广泛，既可制备出超微粒子，又可制备粒径较大的单晶，还可以制备无机陶瓷薄膜；④水热合成的密闭条件有利于进行那些对人体健康有害的有毒反应体系，尽可能地减少环境污染。

采用水热还原法制备$VO_2(B)$纳米带阵列，首先将五氧化二钒分散在去离子水中，然后加入有机溶剂乙二醇，在反应体系中，乙二醇同时具有结构导向剂和还原剂的作用。在高温高压条件下，层状结构的五氧化二钒与具有极性结构的乙二醇发生反应，被还原成$VO_2(B)$，并在脱水过程中发生取向生长，自组装成$VO_2(B)$纳米带阵列结构。

三、仪器（设备）与试剂

1. 仪器（设备）：磁力搅拌器、电热恒温鼓风干燥箱、不锈钢反应釜（带聚四氟乙烯内胆）、抽滤装置、真空干燥箱。

2. 实验试剂：五氧化二钒、乙二醇。

四、实验步骤

1. 称取 0.5 g 五氧化二钒粉末于烧杯中，加入 40 mL 去离子水和 20 mL 乙二醇，磁力搅拌 5 min 得到悬浮液。

2. 将悬浮液转入 100 mL 反应釜中 180 ℃ 反应 6 h，反应完成后自然冷却至室温。

3. 将得到的深蓝色产物抽滤，分别用去离子水和无水乙醇洗涤 3 次，在真空干燥箱内 60 ℃ 真空干燥 2 h。

五、数据处理

1. 计算二氧化钒正极材料的产率。

2. 对二氧化钒正极材料形貌与结构进行表征。

3. 测试二氧化钒正极材料的充放电性能。

六、思考题

1. 相对于其他材料的制备方法，水热法有哪些优缺点？

2. 在二氧化钒正极材料的合成实验中，乙二醇的作用是什么？

3. 在水热反应过程中，180 ℃ 保温的目的是什么？

七、注意事项

1. 抽滤、洗涤沉淀过程中产生的废水禁止倒入水池中，必须倒入废液桶中。

2. 水热反应完成后，必须确保反应釜冷却至室温后才能打开，以免反应液喷出烫伤。

八、附图

图 2-9-2 为水热法制备的二氧化钒正极材料的 XRD 图。VO_2 的衍射峰能指数化为亚稳态单斜 $VO_2(B)$，空间群为 C2/m（JCPDS 31-1438）。图 2-9-3 为水热法制备的二氧化钒正极材料的 SEM 图。水热合成的 $VO_2(B)$ 产物具有纳米带阵列结构。$VO_2(B)$ 作为锂离子电池正极材料在 1.5～4.0 V 的电压范围内以 50 mA/g 进行充放电时的充放电曲线如图 2-9-4 所示。$VO_2(B)$ 获得了 235 mA·h/g 的首次放电比容量，循环 50 次后，容量保持率达到 85%。

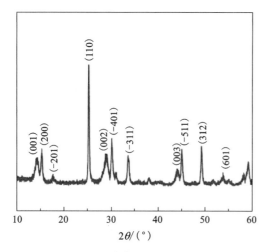

图 2-9-2　二氧化钒正极材料的 XRD 图

图 2-9-3　二氧化钒正极材料的 SEM 图

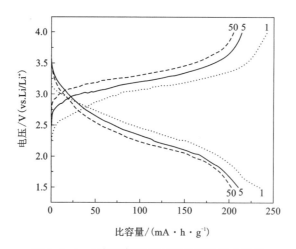

图 2-9-4　二氧化钒正极材料的充放电曲线图

九、参考文献

[1] 秦牡兰. 高性能钒基锂离子电池纳米正极材料的研究［D］. 长沙：中南大学，2014.

[2] 潘春旭，方鹏飞，汪大海. 材料物理与化学实验教程［M］. 长沙：中南大学出版社，2008.

[3] 张昭，彭少方，刘栋昌. 无机精细化工工艺学［M］. 北京：化学工业出版社，2002.

[4] 曹茂盛，陈笑，杨郦. 材料合成与制备方法［M］. 3 版. 哈尔滨：哈尔滨工业大学出版社，2008.

[5] 刘树信，何登良，刘瑞江. 无机材料制备与合成实验［M］. 北京：化学工业出版社，2015.

[6] Qin M L, Liang Q, Pan A Q, et al. Template-free synthesis of vanadium oxides nanobelt arrays as high-rate cathode materials for lithium ion batteries［J］. Journal of Power Sources, 2014, 268：700-705.

[7] 秦牡兰，刘万民，张志成，等. 钠离子电池正极材料 VO_2(B) 纳米带阵列的可控合成与电化学性能［J］. 中国有色金属学报，2018，28(6)：1151-1158.

[8] Qin M L, Liu W M, Shan L T, et al. Construction of V_2O_5/NaV_6O_{15} biphase composites as aqueous zinc-ion battery cathode［J］. Journal of Electroanalytical Chemistry, 2019, 847：113246.

[9] Liu H M, Wang Y G, Wang K X, et al. Design and synthesis of a novel nanothorn VO₂(B) hollow microsphere and their application in lithium-ion batteries[J]. Journal of Materials Chemistry, 2009, 19(18): 2835-2840.

[10] Mai L Q, Wei Q L, An Q Y, et al. Nanoscroll buffered hybrid nanostructural VO₂(B) cathodes for high-rate and long-life lithium storage[J]. Advanced Materials, 2013, 25(21): 2969-2973.

实验十 高温炭化法制备人造石墨负极材料

一、实验目的

1. 熟悉高温炭化法制备人造石墨负极材料的操作要领。
2. 掌握石墨层间化合物的储锂机制。
3. 了解石墨负极材料的电化学特性。

二、实验原理

石墨由于具有电子电导率高、锂离子扩散系数大、层状结构在嵌锂前后体积变化小、嵌锂电位低等诸多优点，成为最早商品化锂离子电池负极材料。石墨的储锂机制通常为石墨插层化合物（Graphite Intercalated Compound, GIC）机制，即锂离子嵌入和嵌脱，形成嵌锂化合物 Li_xC_6（$0 \leqslant x \leqslant 1$，当 $x=1$ 时，其理论容量可达 372 mA·h/g）。锂离子迁移到石墨负极的过程大致可以分为以下四个步骤：（1）溶剂化锂离子在电解液中的扩散；（2）达到石墨负极表面的溶剂化锂离子开始去溶剂化；（3）去溶剂化的锂离子穿过固态电解质膜（SEI）并伴随电荷转移嵌入石墨层间；（4）锂离子在石墨颗粒内部扩散。最后，锂离子通过不同插层阶段之间的相变积累在石墨中。锂离子的嵌入和脱出可以用公式描述如下：

$$6C+xLi^++xe^- \leftrightarrow Li_xC_6$$

石墨类负极材料主要分为天然石墨负极材料和人造石墨负极材料。其中人造石墨由于具有容量高、循环和倍率性能好、与电解液适应性强、安全性好等特点，在锂离子电池负极材料市场占有率逐年上升。人造石墨是将易石墨化炭经高度石墨化处理制得，包括石油焦等碳质颗粒转化的石墨相、沥青炭化后覆盖在颗粒表面形成的石墨相等。人造石墨大都是以石油焦、针状焦为原料，经过制粉、二次造粒、沥青包覆、炭化、石墨化、筛分除磁包装等工序制备完成。其关键工艺是石墨化，即利用炭质材料装在石墨坩埚内置于石墨化炉中，通过电阻将炭质材料加热到2300~3000 ℃，使无定形乱层结构的炭转变为有序的石墨晶体的过程。常用于人造石墨负极材料制备的炉型为艾奇逊石墨化炉。

制备人造石墨负极材料主要分为 2 个阶段：直接石墨化和炭化后石墨化。炭化是指在1200 ℃以下的煅烧过程，通过炭化处理可以有效避免石墨化过程中小分子挥发速度过快引起烟量过大的缺陷，其工艺流程如图 2-10-1 所示。此外，在包覆造粒和石墨化过程中先进行高温炭化处理，既可以缩短石墨化反应时间，又能加速沥青的热分解和热缩聚过程。通过控制炭化温度、炭化时间、黏结剂比例等条件，可以调节人造石墨负极材料的粒度分布、振实密度、比表面积等关键指标，从而提升锂离子电池的电化学性能。

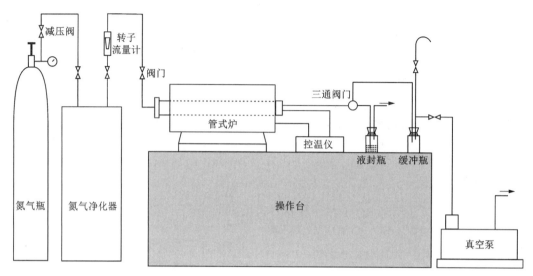

图 2-10-1　氮气保护下高温炭化工艺流程图

三、仪器(设备)与试剂

1.仪器(设备):电子天平,药匙,气流粉碎机,超声筛分机,石墨化炉,石墨坩埚,高温管式炉,VC高效混合机,高温包覆造粒机,筛网。

2.实验试剂:针状焦,沥青,氮气。

四、实验步骤

(1)用电子天平称取 30 g 针状焦生焦粉,向其中加入质量分数为 10%的黏结剂沥青,然后通过气流粉碎机进行粉碎。

(2)通过超声筛分机进行振动筛分处理,筛分完成后利用 VC 高效混合机使物料充分混合。

(3)在 0.1 L/min 氮气保护下,将混合均匀的样品放入高温包覆造粒机内,以 3 ℃/min 的速率升温至 700 ℃并恒温 2 h,使沥青完全包覆在针状焦的表面,即得到高温包覆造粒的样品。

(4)待样品冷却后,放入高温管式炉中进行炭化处理,在氮气氛围保护下,以 3 ℃/min 的速率分别升温至 1000、1100、1200 ℃,并恒温 2 h。

(5)待管式炉温冷却至室温,将炭化后的样品取出并置于石墨化炉内,先以 15 ℃/min 的速率升温至 1500 ℃,再以 7 ℃/min 的速率升温至 2800 ℃,并恒温 12 h。

(6)断开电源,待石墨化炉冷却至 60 ℃以下,取出物料,可根据不同的粒度要求进行筛分,得到人造石墨负极材料。

五、数据处理

1.计算不同炭化温度条件下所制备的人造石墨负极材料的石墨化度。

2. 对人造石墨负极材料的形貌与结构进行表征。

3. 测试人造石墨负极材料的充放电性能。

六、思考题

1. 在制备人造石墨负极材料时，为什么需要高温炭化处理？

2. 炭化温度对人造石墨负极材料的性能有哪些影响？

3. 进一步提升人造石墨负极材料电化学性能的策略有哪些？

七、注意事项

1. 在实验过程中，需佩戴防护口罩与防护目镜，避免粉尘吸入人体内。

2. 在升温过程中，实验人员不能远离加热设备，需控制好升温速率。

3. 从高温包覆造粒机、真空气氛炉和石墨化炉中取材料时，需带上耐高温手套，以免烫伤。

八、附图

采用高温炭化法制备人造石墨负极材料的典型形貌如图 2-10-2 所示，XRD 分析结果如图 2-10-3 所示。由图 2-10-2 可知，以针状焦为原料制备的人造石墨为由多个单颗粒紧密黏结而成的大颗粒，有助于提高负极材料的振实密度。由图 2-10-3 可知，其衍射特征峰出现在 $2\theta=26.42°$，$42.24°$，$44.21°$，$54.49°$和 $77.19°$处，对应石墨的衍射特征峰（JCPDS 41-1487），表明经过高温炭化和 2800 ℃石墨化处理后针状焦与沥青的混合原料很好的转化为了石墨晶体。典型人造石墨作为扣式半电池的负极材料在 0.1 C 下的前 5 次充放电曲线如图 2-10-4 所示。由图 2-10-4 可知，该材料的首次放电比容量为 354 mA·h/g，经历 5 次充放电后的放电比容量为 329 mA·h/g，容量保持率为 92.3%。

图 2-10-2　人造石墨负极材料的 SEM

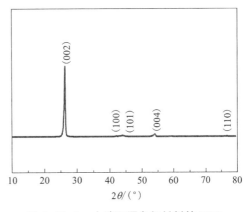

图 2-10-3　人造石墨负极材料的 XRD

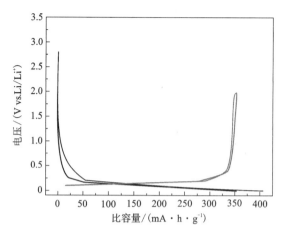

图 2-10-4 人造石墨负极材料的充放电曲线

九、参考文献

[1] 王邓军，王艳莉，詹亮，等. 锂离子电池负极材料用针状焦的石墨化机理及其储锂行为[J]. 无机材料学报，2011，26(6)：619-624.

[2] 乔永民，徐卿卿，吴仙斌，等. 石墨化方式对锂离子电池人造石墨负极材料性能的影响[J]. 炭素技术，2020，39(4)：50-52.

[3] Han Y J，Kim J，Yeo J S，et al. Coating of graphite anode with coal tar pitch as an effective precursor for enhancing the rate performance in Li-ion batteries：effects of composition and softening points of coal tar pitch[J]. Carbon，2015，94：432-438.

[4] Zhang H，Yang Y，Ren D S，et al. Graphite as anode materials：fundamental mechanism，recent progress and advances[J]. Energy Storage Materials，2021，36：147-170.

[5] 郭明聪，马畅，郑海峰，等. 二次颗粒人造石墨负极材料的制备及储锂性能[J]. 煤炭转化，2022，45(1)：65-72.

[6] 李小梅，张迅，徐仕睿，等. 炭化对人造石墨负极材料性能影响的研究[J]. 炭素技术，2022，41(6)：51-53.

[7] 张永刚. 锂离子二次电池炭负极材料的改性与修饰[D]. 天津：天津大学，2004.

[8] Huang J U，Cho J H，Lee J D，et al. Characteristics of an artificial graphite anode material for rapid charging：manufactured with different coke particle sizes[J]. Journal of Materials Science：Materials in Electronics，2022，33(25)：20095-20105.

[9] 张华，吴仙斌，乔永民. 氧化作用对人造石墨负极材料关键指标的影响[J]. 炭素技术，2022，41(3)：42-45.

[10] Zhu H H，Zhu Y M，Xu Y L，et al. Transformation of microstructure of coal-based and petroleum-based needle coke：Effects of calcination temperature[J]. Asia-Pacific Journal of Chemical Engineering，2021，16(5)：e2674.

[11] 唐小冬. 高倍率人造石墨与硅碳复合负极材料的制备及其改性研究[D]. 赣州：江西理工大学，2013.

[12] 吴玉祥，洪雅纯. 人造石墨负极材料表面改质对锂离子电池之电性影响[J]. 中国科学技术大学学报，2012，53：61-79.

实验十一　化学气相沉积法制备多孔硅/碳复合负极材料

一、实验目的

1. 掌握镁热还原法制备多孔硅材料的基本原理。
2. 掌握化学气相沉积法制备多孔硅/碳复合负极材料的基本原理。
3. 熟悉化学气相沉积法制备多孔硅/碳复合负极材料的操作要领。
4. 了解多孔硅/碳复合负极材料的电化学特性。

二、实验原理

硅的理论比容量高达 $4200 \ mA \cdot h/g$，且脱锂电位低，储量丰富，被认为是极具应用前景的负极材料。在首次嵌锂过程中，硅在电化学驱动下转变为非晶态 Li_xSi 合金，而在脱锂阶段非晶 Li_xSi 合金则转变为无定型硅，且在后续的循环中 Si 一直以无定型状态存在，其脱嵌锂反应式如式（a）~（c）所示。硅作为锂离子电池负极材料在电化学循环过程中，锂离子的嵌入和脱出使材料体积发生 300% 以上的膨胀与收缩，这致使材料在循环过程中逐渐粉化、脱落，从而造成电子失联，容量衰减。制备硅碳（Si/C）复合负极材料可以有效缓解硅体积膨胀的同时，还可改善材料的导电性并形成稳定的 SEI 膜，受到了广泛的关注和研究。然而，硅碳连接不紧密导致负极循环性能差的问题仍制约着其在实际生产中的应用，选择合适的合成方法能够有效提高材料的连接紧密性以及循环性能。

嵌锂过程：

$$Si（晶体）+xLi^+ +xe^- \longrightarrow Li_xSi （非晶）\quad\quad\quad （a）$$

$$Li_xSi（非晶）+（3.25-x）Li^+ +（3.25-x）e^- \longrightarrow Li_{13}Si_4（晶体）\quad （b）$$

脱锂过程：

$$Li_{13}Si_4（晶体）\longrightarrow Si（晶体）+yLi^+ +ye^- +Li_{13}Si_4（残留）\quad\quad （c）$$

目前 Si/C 复合材料的制备方法有很多，如高温热解法、化学气相沉积（CVD）法、水热合成法、机械球磨法、化学聚合法等。通常水热合成法和机械球磨法都需要与高温热解法联用，操作相对比较简单，但容易产生团聚，且能耗高产量低，不适合大规模生产。采用 CVD 法合成的 Si/C 复合材料较其他方法有着结合力强、组分间连接紧密、循环稳定性好等优点，并且成本低、产量高、杂质低、反应温度低，容易实现批量化生产。

CVD 法通常以硅单质或含硅化合物为硅源，以碳或者有机物为碳源，将一种组分均匀沉积在另一组分（基体）表面，从而得到不同的 Si/C 复合材料。利用 CVD 法合成 Si/C 复合材料时，很多因素会对产物的形貌、产量和纯度有影响，比如原料种类、沉积时间、沉积温度、气体流量等。其中，碳源和硅源的选择需要遵循易存储、成本低、安全和毒性小等原则。以介孔二氧化硅 SBA-15 为硅源模板，利用镁热还原反应可以制备得到前驱体多孔硅粉。进一步采用甲苯作为碳源，通过化学气相沉积法可以获得电化学性能优异的多孔硅/碳复合负极材料，其反应装置如图 2-11-1 所示。

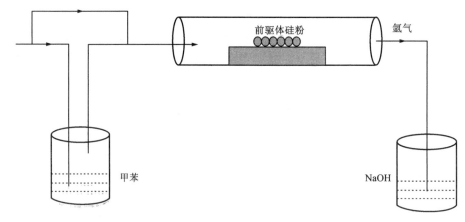

图 2-11-1 化学气相沉积法反应装置图

三、仪器（设备）与试剂

1.仪器(设备)：电子天平，量筒，烧杯，药匙，单行星式球磨机，刚玉舟，真空干燥箱，高速离心机，管式炉，200 目筛网。

2.实验试剂：介孔二氧化硅（SBA-15），甲苯，镁粉，无水乙醇，氢氧化钠，盐酸，氩气。

四、实验步骤

1.前驱体多孔硅粉的制备

(1)分别称取 10 g 介孔二氧化硅 SBA-15 和 12 g 镁粉置于球磨罐，采用单行星式球磨机将两者混合均匀。

(2)将上述混合物转移至刚玉舟，在氩气保护下，以 5 ℃/min 的升温速率升温至 750 ℃，并保温 4 h。

(3)以 3 ℃/min 的降温速率降温至 300 ℃，然后自然冷却至室温，得到中间产物。

(4)将中间产物加入到过量20%的 4 mol/L 的盐酸中磁力搅拌 10 h，以除去中间产物中的杂质。

(5)用无水乙醇和去离子水洗涤多次，然后置于真空干燥箱中烘干，在 80 ℃下真空干燥过夜，得到前驱体多孔硅粉样品。

2.多孔硅/碳复合负极材料的制备

(1)将前驱体硅粉放置在管式炉内加热区，然后通入氩气 30 min，排尽管内空气，并继续保持氩气的通入。

(2)开启溶液的管路，通过氩气将碳源气体带入石英管中。

(3)以 3 ℃/min 升温速率升温至 800 ℃并保温沉积 1 h，气流量稳定在 120 mL/min。

(4)沉积反应结束后，关闭溶液的气路，持续通氩气，直至降至室温，取出沉积料进行研磨并过 200 筛，即得多孔硅/碳复合负极材料。

五、数据处理

1.计算前驱体多孔硅粉的产率，并对其结构和形貌进行表征。

2. 对多孔硅/碳复合负极材料进行形貌与结构的表征。

3. 测试多孔硅/碳复合负极材料的充放电性能。

六、思考题

1. 通过镁热还原反应制备前驱体硅粉时,加入的镁粉为什么要适当过量?

2. 写出镁热还原反应的主反应和副反应方程式。

3. 制备前驱体多孔硅粉时,反复洗涤沉淀的目的是什么?

4. 制备多孔硅/碳复合负极材料时,化学气相沉积时间和温度对沉积物的质量有哪些影响?

5. 影响多孔硅/碳复合负极材料的电化学性能的因素有哪些?

七、注意事项

1. 安装好气路,先打开氩气检查气路的密闭性,做到不要漏气。检查气密性可以用泡沫水抹到接头处看是否有泡泡。

2. 加热、高温过程,切记不能长时间离开实验室。

3. 高温过程不可以关掉气体,防止排出口的 NaOH 溶液倒流入管。如果突然停电,立马将气管从 NaOH 溶液中拿出,关掉高压气瓶。

4. 从管式炉中取材料时,必须戴上耐高温手套,以免烫伤。

八、附图

采用镁热还原法制备的多孔硅材料典型形貌如图 2-11-2 所示,样品保持了模板 SBA-15 的微观形貌,呈短棒状。图 2-11-3 为通过镁热还原反应制备得到的多孔硅材料的典型 XRD 谱图。由图 2-11-3 可知,其衍射特征峰出现在 $2\theta = 28.48°$, $47.38°$, $55.88°$, $69.37°$ 和 $76.59°$ 处,对应于晶硅的(111)、(220)、(311)、(400)和(331)晶面的衍射特征峰(JCPDS 27-1402)。典型多孔硅/碳负极材料作为扣式半电池在 0.1 C 下的充放电曲线如图 2-11-4 所示,该材料的首次放电比容量和充电比容量分别为 2530 和 2390 mA·h/g,库仑效率达 94.4%。循环 50 次后,电池的放电比容量约为 2200 mA·h/g,容量保持率为 87%。

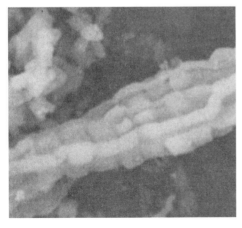

图 2-11-2　前驱体多孔硅粉的 SEM 照片

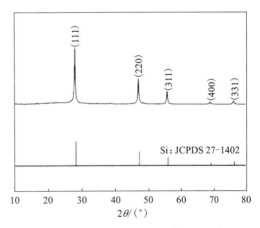

图 2-11-3　前驱体多孔硅粉的 XRD 谱图

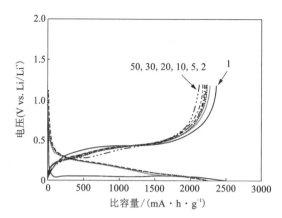

图 2-11-4 多孔硅/碳负极材料的充放电曲线

九、参考文献

[1] 苏发兵, 陈晗, 翟世辉. 一种锂离子电池硅碳复合负极材料及其制备方法: CN102637874A [P]. 2012-04-11.

[1] 钟辉, 慈立杰, 丁显波, 等. 一种锂离子电池硅碳复合负极材料及其制备方法: CN105006554B [P]. 2017-11-28.

[2] Yoshio M, Wang H Y, Fukuda K, et al. Carbon-coated Si as a lithium-ion battery anode material [J]. Journal of the Electrochemical Society, 2002, 149(12): A1598-A1603.

[3] 于晓磊. 锂离子电池用高性能硅碳复合负极材料的制备与性能研究 [D]. 上海: 上海交通大学, 2013.

[4] Szczech J R, Jin S. Nanostructured silicon for high capacity lithium battery anodes [J]. Energy & Environmental Science, 2011, 4(1): 56-72.

[5] 朱小奕. 化学气相沉积法合成锂离子电池硅碳复合负极材料的研究 [D]. 青岛: 青岛大学, 2013.

[6] 张瑛洁, 刘洪兵. 化学气相沉积法制备 Si/C 复合负极材料的研究进展 [J]. 硅酸盐通报, 2015, 34(S1): 7-11.

[7] 岳敏, 侯贤华, 李胜, 等. 锂离子电池硅碳负极材料及其制备方法: CN102394287A [P]. 2012-03-28.

[8] 陆浩, 李金熠, 刘柏男, 等. 锂离子电池纳米硅碳负极材料研发进展 [J]. 储能科学与技术, 2017, 6(5): 864-870.

[9] Ma D L, Cao Z Y, Hu A M. Si-based anode materials for Li-ion batteries: a mini review [J]. Nano-Micro Letters, 2014, 6(4): 347-358.

[10] 郝浩博, 陈惠敏, 夏高强, 等. 锂离子电池硅基负极材料研究与进展 [J]. 电子元件与材料, 2021, 40(4): 305-310.

[11] Shi Q T, Zhou J H, Ullah S, et al. A review of recent developments in Si/C composite materials for Li-ion batteries [J]. Energy Storage Materials, 2021, 34: 735-754.

[12] 于晓磊, 杨军, 冯雪娇, 等. 多孔硅/碳复合负极材料的制备及电化学性能 [J]. 无机材料学报, 2013, 28(9): 937-942.

[13] Guo L F, Zhang S Y, Xie J, et al. Controlled synthesis of nanosized Si by magnesiothermic reduction from diatomite as anode material for Li-ion batteries [J]. International Journal of Minerals, Metallurgy and Materials, 2020, 27(4): 515-525.

[14] Bang B M, Lee J I, Kim H, et al. High-performance macroporous bulk silicon anodes synthesized by template-free chemical etching [J]. Advanced Energy Materials, 2012, 2(7): 878-883.

实验十二　水热法制备钛酸锂负极材料

一、实验目的

1. 掌握水热法制备钛酸锂负极材料的基本原理。
2. 熟悉水热法制备钛酸锂负极材料的操作要领。
3. 了解钛酸锂负极材料的电化学特性。

二、实验原理

钛酸锂($Li_4Ti_5O_{12}$)是一种尖晶石型的固溶体，属于 AB_2X_4 系列，Fd3m 空间群。其晶体结构如图 2-12-1 所示，四面体间隙的 $8a$ 点位全部由 Li^+ 占据，面心立方点阵由 O^{2-} 构成，O^{2-} 在结构中处于 $32e$ 位置，正八面体间隙的 $16d$ 点位则被 1/6 的 Li^+ 和 5/6 的 Ti^{4+} 占据。晶胞中 $8b$、$16c$ 和 $48f$ 空位可供锂离子进出，成为锂离子扩散的天然通道。根据 $Li_4Ti_5O_{12}$ 的结构特点，其化学式又可以写成 $[Li]_{8a}[Li_{1/3}Ti_{5/3}]_{16d}[O_4]_{32e}$。

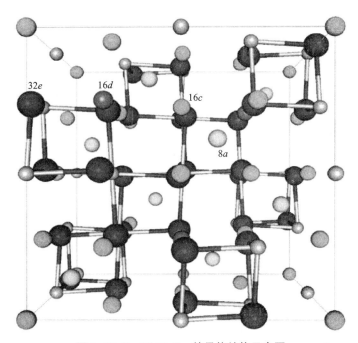

图 2-12-1　$Li_4Ti_5O_{12}$ 的晶体结构示意图

在充电状态下，Li^+ 从正极嵌入负极，Li^+ 转移到 $16c$ 位点，转移的 Li^+ 包括电解液传导过来的 Li^+ 和 $Li_4Ti_5O_{12}$ 晶格中 $8a$ 位点的 Li^+，这使得 $Li_4Ti_5O_{12}$ 从尖晶石转化为岩盐相的钛锂氧化物：$[Li_2]_{16c}[Li_{1/3}Ti_{5/3}]_{16d}[O_4]_{32e}$，放电时则相反。在 1.55 V 电势下，每分子单元的 $Li_4Ti_5O_{12}$(尖晶石型)可以嵌入 3 个 Li^+，其理论电容量为 175 mA·h/g。在充放电过程中，四面体 8a 位点和八面体 16c 位点的 Li$^+$ 相互转换，Li$_4$Ti$_5$O$_{12}$ 的晶体结构不会发生变化，晶格常数和体积变化也极小，因此被称为"零应变"材料。此外，Li$_4$Ti$_5$O$_{12}$ 还具备嵌锂电位高、不会有锂枝晶的产生、库仑效率高等优点，在大规模储能等领域具有较好的应用前景。锂离子脱嵌过程的相变表达式如下：

$$[\text{Li}]_{8a}[\text{Li}_{0.33}\text{Ti}_{1.67}]_{16d}[\text{O}_4]_{32e}+xe^-+x\text{Li}^+\leftrightarrow[\text{Li}_{1+x}]_{16c}[\text{Li}_{0.33}\text{Ti}_{1.67}]_{16d}[\text{O}_4]_{32e}$$

水热法是实验室最常见的材料合成方法之一，与其他制备方法相比，利用水热法制备 Li$_4$Ti$_5$O$_{12}$ 更便于操作和控制材料的形貌。其基本流程是在密闭体系内，以水为溶剂，加入锂源（如 LiOH·H$_2$O）和钛源（如钛酸四丁酯），以高压反应釜为反应容器，在高温高压的条件下反应生成前驱体材料，然后通过高温煅烧生成尖晶石型 Li$_4$Ti$_5$O$_{12}$ 材料，制备流程如图 2-12-2 所示。水热法对于原料的要求不高，且制备的样品晶粒生长完整，粒度均匀，不易团聚，作为锂离子电池负极材料具有优异的电化学性能。此外，水热法可以通过调节体系 pH 值、水热反应温度、水热反应时间、煅烧温度等条件，合成具有不同尺寸和形貌的 Li$_4$Ti$_5$O$_{12}$ 材料。水热反应方程式步骤如下：

$$2\text{Ti}(\text{C}_4\text{H}_9\text{O})_4+6\text{H}_2\text{O}\longrightarrow\text{H}_2\text{Ti}_2\text{O}_5\cdot\text{H}_2\text{O}+8\text{C}_4\text{H}_9\text{OH}$$
$$5\text{H}_2\text{Ti}_2\text{O}_5\cdot\text{H}_2\text{O}+8\text{LiOH}\cdot\text{H}_2\text{O}\longrightarrow2\text{Li}_4\text{Ti}_5\text{O}_{12}+22\text{H}_2\text{O}$$

图 2-12-2　水热法合成 Li$_4$Ti$_5$O$_{12}$ 的路线图

三、仪器(设备)与试剂

1.仪器(设备)：电子天平，量筒，烧杯，药匙，玛瑙研钵，磁力搅拌器，高压反应釜，聚四氟乙烯内衬，循环水式真空泵，布氏漏斗，抽滤瓶，滤纸，真空干燥箱，管式炉。

2.实验试剂：钛酸四丁酯，无水乙醇，单水氢氧化锂，去离子水。

四、实验步骤

1.前驱体粉末的制备

(1)称取 10.2 g 钛酸四丁酯(TBT)，缓慢滴加到 10 mL 无水乙醇中，室温下磁力搅拌 20 min，得到透明的淡黄色溶液 A。

(2)称取 1 g LiOH·H$_2$O 溶于 60 mL 去离子水中，形成溶液 B。

(3)继续搅拌溶液 A，同时迅速加入溶液 B，此时淡黄色溶液变成白色乳浊液，并产生少量白色沉淀，室温下继续搅拌 1 h。

(4)搅拌结束后将溶液和白色沉淀一并转移至聚四氟乙烯内衬中，并放入高压反应釜内。

(5)将反应釜拧紧，放置在均相反应器中进行水热反应，在 180 ℃下反应 24 h。

(6)水热反应完成后自然冷却至室温，将所得沉淀用水和乙醇反复洗涤、过滤 3~5 次。

(7)将沉淀置于真空干燥箱中烘干，在 100 ℃下真空干燥过夜。

2. $Li_4Ti_5O_{12}$ 负极材料的制备

（1）将干燥后的前驱体研磨均匀后，将物料装入小方舟中，将其推至管式炉恒温区，并封闭管式炉两端。

（2）以 2 ℃/min 升温至 600 ℃，在恒温条件下煅烧 4 h 后，断开电源。

（3）待管式炉冷却至室温，取出物料，得到 $Li_4Ti_5O_{12}$ 负极材料。

五、数据处理

1. 对前驱体粉末和 $Li_4Ti_5O_{12}$ 负极材料形貌与结构进行表征。

2. 测试 $Li_4Ti_5O_{12}$ 负极材料的充放电性能。

六、思考题

1. 以 Li_2CoO_3 为正极，$Li_4Ti_5O_{12}$ 为负极，写出锂离子电池的工作原理。

2. 为什么 $Li_4Ti_5O_{12}$ 负极材料被称为"零应变"材料？

3. 水热反应温度和时间对 $Li_4Ti_5O_{12}$ 负极材料的性能有哪些影响？

七、注意事项

1. 装入的液体不应超过聚四氟乙烯内衬体积的 2/3。

2. 水热反应结束后，严禁快速对水热釜进行骤降温处理（如把釜直接放水里或者用水对其降温），要等釜体自然冷却后方可进行操作。

3. 水热釜不锈钢外壳若出现螺纹拧紧时候不顺滑或者变形，要立即停止使用，更换新的反应釜，严禁再次使用。

八、附图

采用水热法制备的 $Li_4Ti_5O_{12}$ 前驱体的典型 XRD 谱图如图 2-12-3（a）所示，其特征衍射峰位置与斜方晶型 $Li_{1.81}H_{0.19}Ti_2O_5 \cdot 2H_2O$ 的标准卡片（JCPDS 47-0123）完全吻合，表明通过简单的水热过程并没有直接合成尖晶石型 $Li_4Ti_5O_{12}$。继续通过高温煅烧获得的样品 XRD 谱图结果如图 2-12-3（b）所示，其衍射特征峰出现在 2θ = 18.38°，35.61°，43.27°，47.39°，57.23°，62.85° 和 66.08° 处，对应于尖晶石型 $Li_4Ti_5O_{12}$ 的（111）、（311）、（400）、（331）、（333）、（440）和（531）晶面。由图 2-12-3（b）可知，通过高温煅烧获得的 $Li_4Ti_5O_{12}$ 材料衍射峰峰形尖锐，特征峰位置与标准卡片 JCPDS 49-0207 吻合，表明制备的 $Li_4Ti_5O_{12}$ 材料为无杂相，材料结晶良好。如图 2-12-4 所示，采用水热法制备的 $Li_4Ti_5O_{12}$ 呈颗粒状，颗粒表面较为粗糙，直径在几百纳米到几微米之间。图 2-12-5 所示为典型水热法合成的 $Li_4Ti_5O_{12}$ 负极材料在 0.1 C 下的首次充放电曲线。由图 2-12-5 可以看出，图中充放电曲线呈 L 形且具有明显的充放电平台，表明 $Li_4Ti_5O_{12}$ 负极材料的电化学过程为两相转变过程。

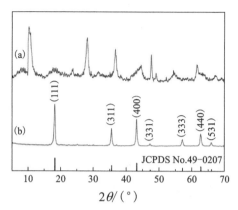

图 2-12-3　$Li_4Ti_5O_{12}$ 前驱体(a)及煅烧后(b)的 XRD 谱图

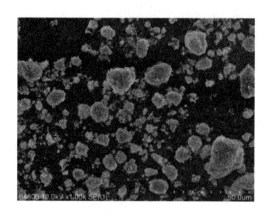

图 2-12-4　尖晶石型 $Li_4Ti_5O_{12}$ 负极材料的 SEM

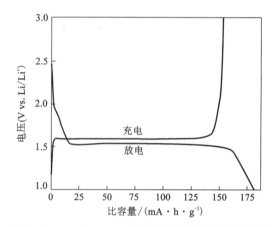

图 2-12-5　$Li_4Ti_5O_{12}$ 负极材料的首次充放电曲线

九、参考文献

［1］周德让. 锂电池负极材料钛酸锂的研究进展［J］. 信息记录材料, 2022, 23(7)：8-11.

［2］于小林, 吴显明, 丁心雄, 等. 水热法制备纳米片钛酸锂及其性质研究［J］. 现代化工, 2018, 38(2)：83-86.

［3］Zhao B T, Ran R, Liu M L, et al. A comprehensive review of $Li_4Ti_5O_{12}$-based electrodes for lithium-ion batteries：the latest advancements and future perspectives［J］. Materials Science and Engineering：R：Reports, 2015, 98：1-71.

［4］Hsieh C T, Chen I L, Jiang Y R, et al. Synthesis of spinel lithium titanate anodes incorporated with rutile titania nanocrystallites by spray drying followed by calcination［J］. Solid State Ionics, 2011, 201(1)：60-67.

［5］Zhang Z W, Cao L Y, Huang J F, et al. Hydrothermal synthesis of $Li_4Ti_5O_{12}$ microsphere with high capacity as anode material for lithium ion batteries［J］. Ceramics International, 2013, 39(3)：2695-2698.

［6］王雁生, 王先友, 安红芳, 等. 水热法合成尖晶石型 $Li_4Ti_5O_{12}$ 及其电化学性能［J］. 中国有色金属学报, 2010, 20(12)：2366-2371.

［7］Yan H, Zhu Z, Zhang D, et al. A new hydrothermal synthesis of spherical $Li_4Ti_5O_{12}$ anode material for lithium-ion secondary batteries［J］. Journal of Power Sources, 2012, 219：45-51.

[8] 于佳瑶. 锂离子电池负极材料钛酸锂的制备及掺杂改性研究[D]. 大连：大连海事大学，2020.

[9] 连江平，李倩倩，温巧娥，等. 锂离子电池负极材料钛酸锂的研究进展[J]. 新能源进展，2016，4(4)：297-304.

[10] Sun X C, Radovanovic P V, CuI B. Advances in spinel Li$_4$Ti$_5$O$_{12}$ anode materials for lithium-ion batteries [J]. New Journal of Chemistry, 2015, 39(1)：38-63.

[11] 庄敬祥. 锂离子电池负极材料 Li$_4$Ti$_5$O$_{12}$ 的制备及其电化学性能的研究[D]. 北京：北京交通大学，2018.

实验十三　自由基聚合法制备交联型聚合物电解质材料

一、实验目的

1. 掌握原位自由基聚合法制备交联型凝胶电解质的基本原理。

2. 了解交联聚合物电解质的优点。

二、实验原理

电解质作为锂电池中连接正、负电极之间的桥梁，一方面控制着电池内部的离子传输过程，电池的工作机制，另一方面对电池的安全性、电化学性能、生产成本等有重要影响。开发出安全性高，适用性好的电解质材料是电池技术发展的必然要求。电解质材料按照其形态特征可划分为有机液态电解质、聚合物电解质和无机固态电解质三类。其中，聚合物电解质包括凝胶聚合物电解质(GPE)与全固态聚合物电解质(SPE)，图 2-13-1 所示为锂二次电池电解质分类示意图。液态电解质和凝胶电解质是目前商用的主要电解质，二者都含有液态电解液，液态电解液室温电导率高与电极材料之间有良好的浸润性。但有机电解液热稳定性不好，存在易泄露、易燃易爆等安全隐患。作为液态电解质和 SPE 之间的中间状态，GPE 不仅具有液态电解质的高离子电导率及良好的界面接触的优点，同时还具备固态电解质高机械性能和高安全性的优势。通常，GPE 的组成包括聚合物基体、增塑剂(常为液体溶剂)、锂盐和无机填料等。溶有锂盐的液态增塑剂是 GPE 中锂离子传导的主要部分，而聚合物基体主要负责保持 GPE 的机械强度使其维持凝胶态。为了进一步优化聚合物基体的结构，许多研究通过塑化剂、填料添加、交联等方法进行的改性。

交联型聚合物电解质通常具有网络结构，在获得高离子电导率的同时兼具良好的机械强度和热稳定性，包括物理交联和化学交联两种类型。物理交联主要通过氢键作用、静电吸附作用或配位络合作用实现交联的目的。化学交联通常是在热引发或紫外光引发作用下，通过链段的化学键合达到交联效果。因此，研究者们通过优化 GPE 的组成和结构以实现更好的综合性能。GPE 的综合性能很大程度受制备方法的影响，其制备方法可划分为物理和化学方法。

物理方法是 GPE 通过将聚合物基体溶解在有机溶剂中并与其他添加剂混合，挥发完有机溶剂后，将干的聚合物膜用含有锂盐和溶质的液体电解质溶胀以制备 GPE。具体而言，物理方法可分为常规溶液浇铸法、反相法、静电纺丝法等。物理方法制备的 GPE 中，交联是通过高分子链之间的物理相互作用形成的。但聚合物基体在严苛条件(高温、老化)下容易溶胀

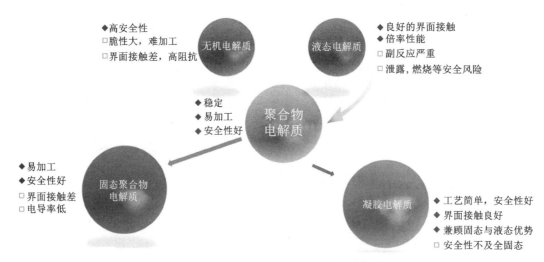

图 2-13-1　锂电池中电解质的分类

或溶解到液体电解质溶液中，导致电化学性能下降，甚至溶剂泄漏。这些因素使物理方法制备的凝胶电解质在实际应用中面临一定的安全隐患。

化学方法又称为原位聚合法，具体指将引发剂、交联剂和单体以特定比例溶解在液态电解质中。随后，在一定条件下引发聚合，形成三维的交联聚合物网络，液体电解质均匀分布在这种交联结构的聚合物中，具体过程如图 2-13-2 所示。丙烯酸酯和环氧乙烷是研究最多的单体或交联基。偶氮二异丁腈或过氧化苯甲酰是常用的引发剂。由于通过化学键形成多点的交联结构，原位聚合法制备的 GPE 表现出优异的热稳定性，在高温等苛刻条件下几乎无溶剂泄漏的风险。此外，原位合成法制备工艺简单，制备 GPE 时几乎不改变传统液态锂电池的工艺，这在很大程度上提高了 GPE 锂电池的制作效率，降低了制造成本。原位聚合按照其引发方式的不同又可以细分为热引发、光引发、电引发聚合等。图 2-13-2 所示为热引发原位聚合制备凝胶电解质过程的示意图。

图 2-13-2　原位聚合制备凝胶电解质过程的示意图

三、仪器(设备)与试剂

1. 仪器(设备)：电子天平，磁力搅拌器，手套箱，真空密封机。

2. 实验试剂：碳酸酯溶剂，碳酸乙烯酯(EC)，碳酸二甲酯(DMC)，碳酸甲乙酯(EMC)，$LiPF_6$，偶氮二异丁腈，电池壳，不锈钢片，锂片，季戊四醇四丙烯酸酯，多孔支撑膜(PE/PP/无纺布)。

四、实验步骤

1. 电池组装

电池组装过程均在充满氩气的手套箱中进行，实验前确保手套箱中水、氧分压均小于 0.5 ppm。

（1）配制电解液

分别取 EC，EMC，DMC 各 2 mL 于玻璃瓶中，放入搅拌磁子，将玻璃瓶置于磁力搅拌器上，待溶液混合均匀后加入锂盐六氟磷酸锂搅拌均匀，配制成 1 mol/L 的六氟磷酸锂溶液成为液态电解液。在液态电解液的基础上加入 3%~5% 质量分数的交联单体季戊四醇四丙烯酸酯，以及质量分数 2‰ 的引发剂偶氮二异丁腈，混合均匀得到原位聚合前的预聚合溶液，将预聚合溶液在电池内部原位聚合后得到凝胶电解质。

（2）组装电池

①极片成型：将预先烘烤过的正极片裁剪成合适的大小，裁剪过程中应预留出空白铝箔部分；将锂金属裁剪成合适大小，应能完全覆盖正极，同样应预留与极耳连接部分；

②电芯叠片：以正极、隔膜、负极的顺序进行堆叠，叠片过程中应保证隔膜不发生褶皱，正极、隔膜和负极平整接触，可使用聚酰亚胺胶带进行固定；

③极耳焊接：用钉子在镍极耳一端敲出多个小孔，将负极预留部分与镍极耳进行敲击固定；将铝极耳叠放于正极片预留的空白铝箔处进行点焊固定；

④电芯装袋：用铝塑膜将电芯包裹，对三边进行焊接封口，留一侧作为注液口；

⑤注液及预封：用注射器将电解液注入铝塑袋中预封，注意预封时应留出气袋；

⑥聚合：封装后的软包电池夹于玻璃板间并施加一定压力后在 60 ℃ 下搁置 24 h。

⑦化成、二封：聚合完成后将电池连接到 LAND 电池测试系统上，按照固定程序化成，化成过程中无须拆除夹具；化成结束后进行二封（二封应在手套箱中进行）。

注意：步骤①~⑤均在手套箱中进行。

由图 2-13-3 可知凝胶电解质的聚合物骨架将液态电解质包裹在三维聚合物网络中，不仅能阻止液态小分子有机物的挥发泄露，同时聚合物链段对电解质中的离子传输具有调节和引导的功能。

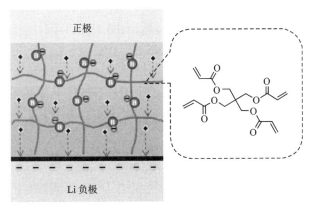

图 2-13-3　凝胶电解质对离子传输的调节示意图

2. 测试

对交联聚合物电解质组装的软包电池结构为(Li|GPE|LFP)进行安全测试。首先对已充电的完好的软包电池进行发光二极管(LED)点亮测试以确认电池可以正常工作。在做好防护的前提下，使用剪刀剪掉电池的一个角，尝试进行 LED 灯点亮测试，观察电池是否还能运行；将电池进行二次裁剪，并分别尝试进行 LED 灯点亮测试，观察电池是否还能运行。LED 发光二极管工作电压在 1.6~2.35 V。

五、数据处理

1. 测试聚合物电解质的界面阻抗。
2. 观察聚合物电解质的形貌和流动性。
3. 对比测试含有液态电解质和凝胶电解质的安全性。

六、思考题

1. 聚合单体的量对聚合物电解质的物化性能有什么影响？
2. 为什么聚合前需要避免电解质和水氧接触？
3. 聚合物电解质有哪些优点？

七、注意事项

1. 聚合温度不能过高，时间避免过长。
2. 聚合前需要避免电解质和水氧接触。

八、附图

在 LMB 的实际应用过程中，安全问题是不容忽视的。而使用凝胶聚合物电解质替代常规的液态电解质是提升锂金属电池安全性能的重要途径。因此我们进一步组装了软包电池，分别对 Li/LE/LFP 和 Li/GPE/LFP 电池的安全性进行了测试，图 2-13-4 所示为固态电池软包电池安全性测试示意图。

由图 2-13-4(a)~(c)可以看出：使用传统液态电解质的软包电池 Li/LE/LFP 初始状态下工作正常，但是在裁剪后，液态电池失去了向二极管供电的能力，这是裁剪后软包电池发生膨胀体积变大，且电解液存在挥发泄露的原因。而图 2-13-4(d)~(f)所示，使用原位聚合凝胶电解质的软包电池 Li/GPE/LFP 在初始状态下工作正常，即，使一次剪切和多次剪切的情况下仍然能够使二极管正常发光，未出现电解液泄露和起火、爆炸等情况。

对比实验结果证明了 Li/GPE/LFP 软包电池有着较好的柔韧性和较高的安全性能，也表明了原位聚合工艺能够为电极与聚合物电解质间的界面提供较为稳定的界面接触。

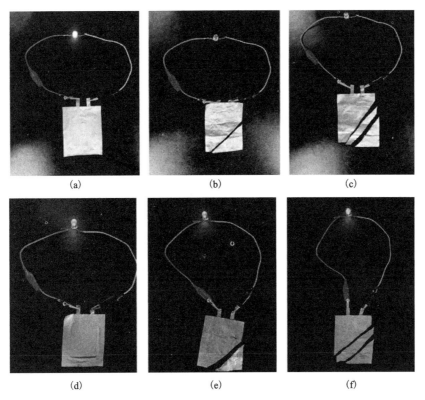

图 2-13-4　固态电池软包电池安全性测试

九、参考文献

［1］ Dai K, Zheng Y, Wei W F. Organoboron-containing polymer electrolytes for high-performance lithium batteries［J］. Advanced Functional Materials, 2021, 31(13): 2008632.

［2］ Dai K, Ma C, Feng Y M, et al. A borate-rich, cross-linked gel polymer electrolyte with near-single ion conduction for lithium metal batteries［J］. Journal of Materials Chemistry A, 2019, 7(31): 18547-18557.

［3］ Ma C, Dai K, Hou H S, et al. High ion-conducting solid-state composite electrolytes with carbon quantum dot nanofillers［J］. Advanced Science, 2018, 5(5): 1700996.

［4］ 戴宽. 有机硼聚合物电解质的制备及电化学性能研究［D］. 长沙: 中南大学, 2022.

第3章

电化学储能材料的物理化学性能表征实验

实验十四 差热–热重分析材料的形成机制

一、实验目的

1. 熟悉差热分析的基本原理。

2. 熟悉热重分析的基本原理。

3. 掌握差热–热重分析的实验步骤及数据处理方法。

4. 了解差热–热重分析结果的影响因素。

二、实验原理

热分析是在程序控制温度下,测量物质的物理性能随温度变化的技术。热分析技术通过测定材料在加热或冷却过程中的物理、化学等性质的变化,对物质进行定性、定量的分析和鉴定物质,为新材料的研究和开发提供热性能数据和结构信息。热分析方法种类繁多,其中差热分析、热重法、差示扫描量热法、热机械分析、稳态热流法和激光闪射法等应用最为广泛,本实验主要介绍差热分析和热重分析。

1. 差热分析(Differential Thermal Analysis,DTA)

(1)差热分析的基本原理

差热分析是在程序控制温度下,测量物质和参比物(也叫基准物,在测量温度范围内不发生任何热效应的物质,如 $\alpha\text{-}Al_2O_3$、MgO 等)的温度差随时间或温度变化的一种技术。当试样发生任何物理或化学变化时,所释放或吸收的热量使试样的温度高于或低于参比物的温度,从而相应地在差热曲线上得到放热峰或吸热峰。

图 3-14-1 为 DTA 原理示意图。在差热分析仪中,试样 S 和参比物 R 分别装在两个坩埚内,分别用测温热电偶及差热电偶测量温度 T 及温差 ΔT。差热电偶是由分别插在试样 S 和参比物 R 的两支材料、性能完全相同的热电偶反向串联而成。试样 S 和参比物 R 同时进行加热,当样品未发生物理或化学状态变化,即,没有热效应发生时,组成差热电偶的二支热电

偶分别测出的温度 T_S、T_R 相同，即热电势值相同，但符号相反，所以差热电偶的热电势差为零，表现为 $\Delta T = T_S - T_R = 0$，记录仪所记录的 ΔT 曲线保持为零的水平直线，称为基线。若试样 S 有热效应发生时，$T_S \neq T_R$，差热电偶的热电势差不等于零，即 $\Delta T = T_S - T_R \neq 0$，于是记录仪上就出现一个差热峰。当热效应是吸热时，$\Delta T = T_S - T_R < 0$，吸热峰向下；当热效应是放热时，$\Delta T > 0$，放热峰向上。当试样的热效应结束后，T_S、T_R 又趋于一样，ΔT 恢复为零位，曲线又重新返回基线。图 3-14-2 为试样的真实温度与温差比较图。

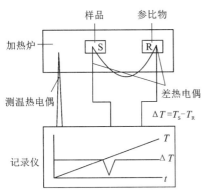

图 3-14-1　DTA 原理示意图

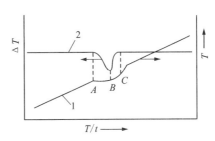

1—试样真实温度；2—温差

图 3-14-2　试样温度与温差的比较

（2）影响 DTA 测定的因素

DTA 曲线的峰形、峰位、峰面积等主要受试样、实验条件和仪器等因素的影响。①试样因素包括试样性质的影响、参比物性质的影响和惰性稀释剂性质的影响。试样的物理和化学性质，特别是试样的密度、比热容、导热性、反应类型和结晶等性质决定了 DTA 曲线的基本特征。②实验条件的影响包括试样量的影响、升温速率的影响和炉内气氛的影响。试样量对热效应的大小和峰的形状有着显著的影响。通常升温速率增大，峰值的温度向高温方向偏移，峰形变得尖锐，但峰的分辨率降低，两个相邻的峰会重叠在一起，从而影响曲线的分析。③仪器因素包括加热方式、炉子形状和大小、样品支持器、温度测量和热电偶、电子仪器的工作状态。此外，试验环境的温度和湿度也会带来一些影响。应当注意的是，许多因素的影响并不是孤立存在的，而是相互联系，有些甚至还是互相制约的。

（3）差热分析仪的结构

图 3-14-3 是典型的差热分析仪结构示意图。差热分析仪主要由支撑装置、加热炉、气氛调节系统、温度及温差检测和记录系统等部分组成。试样室的气氛能调节为真空或者多种不同的气体气氛。温度和温差测定一般采用高灵敏热电偶。通常测低温时，使用 CA（镍铬-镍铝合金）热电偶；测高温时，使用铂-铂铑合金热电偶。

2. 热重分析（Thermogravimetric Analysis，TG）

（1）热重分析的基本原理

热重法（TG）是在程序控制温度下，测量物质质量与温度关系的一种技术。许多物质在加热过程中常伴随质量的变化，这种变化过程有助于研究晶体性质的变化，如熔化、蒸发、升华和吸附等物理现象；也有助于研究物质的脱水、解离、氧化、还原等化学现象。

热重法记录的质量变化对温度的关系曲线称为热重曲线。热重曲线的纵坐标为质量（m），

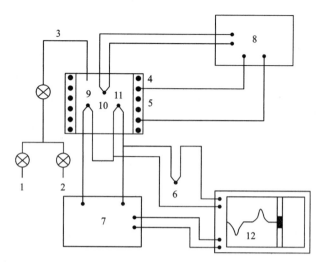

1—气体；2—真空；3—炉体气氛控制；4—电炉；5—底座；6—冷端校正；7—直流放大器；8—程序
温度控制器；9—试样热电偶；10—升温速率检测热电偶；11—参比热电偶；12—X-Y 记录仪

3-14-3　典型的差热分析仪结构示意图

横坐标为温度（T）或时间（t）。质量基本不变的区段称为平台。测量曲线上平台之间的质量
差值，可计算出待测物在相应温度范围内所失质量的比例（%）。

　　从热重法可以派生出微商热重法，也称导数热重法。微商热重法记录的是 TG 曲线对温
度或时间的一阶导数，即 DTG 曲线，以质量变化率为纵坐标，从上向下表示质量的减少；以
温度（或时间）作横坐标，自左至右表示温度（或时间）的增加。图 3-14-4 所示为 TG-DTG
曲线。

　　通常测定热重曲线的方法有变位法和零位法两种。①变位法，主要利用质量变化与天平
梁的倾斜成正比关系进行测定。当天平处于零位时检测器输出的电信号为零，而当样品发生
质量变化时，天平梁产生位移，此时检测器输出相应的电信号，该信号通过放大后输入记录
仪进行记录。②零位法，由质量变化引起天
平梁倾斜，靠电磁作用使天平恢复到原来的
平衡位置，所施加的力与质量变化成正比。
当样品质量发生变化时，天平梁产生倾斜，
此时位移检测器所输出的信号通过调节器向
磁力补偿器中的线圈输入一个相应的电流，
从而产生一个正比于质量变化的力，使天平
梁复位到零位。输入线圈的电流可转换成电
压信号输入记录仪进行记录。

　　（2）影响 TG 测定的因素

　　TG 的实验结果主要受仪器、试样和实
验条件等因素的影响。①仪器因素包括基线
漂移的影响、试样支持器（坩埚与支架）的影

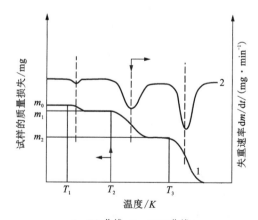

1—TG 曲线；2—DTG 曲线

图 3-14-4　TG 和 DTG 曲线

响、测温热电偶的影响。②试样因素包括试样量的影响、试样粒度的影响以及试样的热性质、装填方式和其他因素。③实验条件包括升温速率的影响、气氛的影响以及记录纸速和其他因素的影响。此外，称量量程和仪器工作状态的品质，测试过程中有无试样飞溅、外溢、升华、冷凝等也会影响 TG 曲线的测量。

3. 综合热分析

DTA、TG、DSC 等各种单功能的热分析仪若相互组装在一起，就可以变成多功能的综合热分析仪，如 DTA-TG、DSC-TG、DTA-TMA（热机械分析）、DTA-TG-DTG 等。综合热分析仪的优点是在完全相同的实验条件下，即在同一次实验中可以获得多种信息，比如进行 DTA-TG-DTG 综合热分析可以一次同时获得差热曲线、热重曲线和微商热重曲线。其中 DTA-TG 组合是最常用的一种。根据试样在物理或化学过程中所产生的质量与能量的变化情况，可大致判断出 DTA 和 TG 所对应的过程。

综合热分析的实验方法与 DTA、TG 的实验方法基本相似，在样品测试前选择好测量方式和相应量程，调整好记录零点，就可在给定的升温速度下测定样品，得出综合热曲线。

TG-DTA 同步热分析的影响因素主要包括升温速率、样品因素和气氛。升温速率越大，TG 曲线上的起始分解温度和终止分解温度偏高；升温速率提高时，DTA 曲线的峰值温度上升，峰面积与峰高也有一定上升。试样量大时 TG 曲线的清晰度变差，并移向较高温度；同样试样用量对 DTA 曲线也有很大影响，一般试样量少，DTA 曲线出峰明显、分辨率高，基线漂移也小，因此试样的用量应在热重/差热同步热分析仪的灵敏度范围内尽量少。此外，试样粒度越细，TG 曲线起始分解温度越低，DTA 曲线峰值温度越低。

三、仪器（设备）与试剂

1. 仪器（设备）：综合热分析仪，如图 3-14-5 所示。
2. 实验试剂：一水草酸钙（$CaC_2O_4 \cdot H_2O$）。

图 3-14-5　综合热分析仪

四、实验步骤

1. 打开电源开关，预热 30 min 后开始实验。

2. 选择合适的坩埚，准备好测试样品（约 10 mg），将样品放入坩埚中，再将坩埚放回样品盘，关好电炉盖。

3. 检查系统是否正常，设定基线。

4. 打开参数设定界面，进行测试参数设定，然后确认采样。

5. 实验结束后，按程序关闭各仪器开关。

五、数据处理

1. 由所测样品的 DTA 谱图，求出各放热或吸热谱峰的起始温度、终止温度以及峰顶温度（峰谷值）；由所测样品的 TG 谱图，求出各失重阶梯的起始温度、终止温度以及质量损失，然后将 DTA 和 TG 的数据列表记录。

2. 根据实验结果，定性说明样品 $CaC_2O_4 \cdot H_2O$ 在加热过程中，各放热峰或吸热峰以及失重曲线所代表的可能反应，写出反应方程式。

六、思考题

1. 影响差热分析结果的主要因素有哪些？

2. 影响热重分析结果的主要因素有哪些？

3. 影响 TG-DTA 同步热分析结果的主要因素有哪些？

4. 试说明 TG-DTA 同步热分析的特点及用途。

七、注意事项

1. 装样时，样品尽量薄而均匀地平铺在坩埚底部，并在桌面轻敲坩埚以保证样品之间有良好的接触。

2. 在实验过程中，不能用手碰触或弯曲检测杆。

3. 实验过程中，取坩埚及放置坩埚都要用镊子，动作要轻巧、平稳、准确，切勿将样品撒落在炉膛里面。

4. 实验过程中，手不要直接接触炉体，以免烫伤。

八、附图

图 3-14-6 所示为 $CaC_2O_4 \cdot H_2O$ 的 DTA-TG 曲线图。$CaC_2O_4 \cdot H_2O$ 在 100 ℃ 以前的失重现象归于其物理吸附水的丢失。在 100 ℃ 和 200 ℃ 之间的质量损失约占试样总质量的 14%，相当于每 1 mol $CaC_2O_4 \cdot H_2O$ 失去 1 mol H_2O，反应式为 $CaC_2O_4 \cdot H_2O \longrightarrow CaC_2O_4 + H_2O$；对应的 DTA 曲线上出现吸热峰。在 400 ℃ 和 500 ℃ 之间的质量损失约占试样总质量的 20%，相当于每 1 mol CaC_2O_4 分解出 1 mol CO，反应式为 $CaC_2O_4 \longrightarrow CaCO_3 + CO$；对应的 DTA 曲线上出现放热峰。在 600 ℃ 和 800 ℃ 之间的质量损失约占试样总质量的 30%，相当于每 1 mol $CaCO_3$ 分解出 1 mol CO_2，反应式为 $CaCO_3 \longrightarrow CaO + CO_2$，对应的 DTA 曲线上出现一个吸热峰。

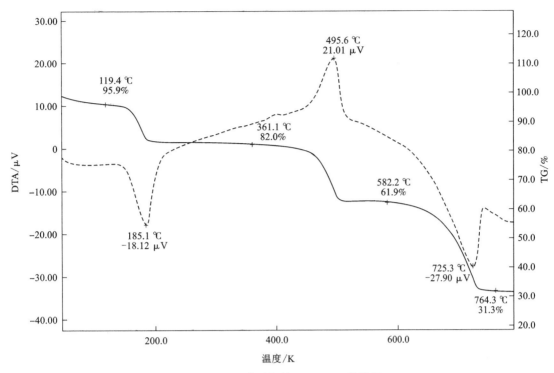

图 3-14-6　草酸钙的 DTA-TG 曲线图

九、参考文献

[1]　陈镜泓，李传儒. 热分析及其应用[M]. 北京：科学出版社，1985.

[2]　蔡正千. 热分析[M]. 北京：高等教育出版社，1993.

[3]　王成国. 材料分析测试方法[M]. 上海：上海交通大学出版社，1994.

[4]　潘春旭，方鹏飞，汪大海. 材料物理与化学实验教程[M]. 长沙：中南大学出版社，2008.

[5]　谷亦杰，宫声凯. 材料分析检测技术[M]. 长沙：中南大学出版社，2009.

[6]　张锐. 现代材料分析方法[M]. 北京：化学工业出版社，2007.

[7]　刘振海，陆立明，唐远旺. 热分析简明教程[M]. 北京：科学出版社，2012.

[8]　徐颖，李海燕，李红喜. 热分析实验[M]. 北京：学苑出版社，2011.

实验十五　X-射线衍射仪测试材料结构

一、实验目的

1. 了解 X-射线衍射仪的结构。

2. 熟悉 X-射线衍射测定晶体结构的原理。

3. 掌握 X-射线衍射测定和分析晶体结构的方法。

二、实验原理

1. X-射线衍射仪的结构

X-射线衍射仪主要由 X-射线发生器、测角仪、计算机控制处理系统和水冷却系统等组成，其组成方框图如图 3-15-1 所示。

X-射线发生器主要由高压控制系统和 X-射线管组成，提供测量所需的 X-射线，改变 X-射线管阳极靶材质可改变 X-射线的波长，常用的 X-射线靶材有 W、Ag、Mo、Ni、Co、Fe、Cr、Cu 等。测角仪是 X-射线衍射仪的核心部件，主要由梭拉狭缝、发散狭缝、接收狭缝、防散射狭缝、样品座及闪烁计数器等组成，结构如图 3-15-2 所示。X-射线源焦点与计数管窗口分别位于测角仪圆周上，样品位于测角仪圆的正中心。在入射光路上有固定式梭拉狭缝和可调式发射狭缝，在反射光路上也有固定式梭拉狭缝和可调式防散射狭缝与接收狭缝。当给 X 光管加以高压，产生的 X-射线经由发射狭缝射到样品上时，晶体中与样品表面平行的晶面，在符合布拉格条件时即可产生衍射而被计数管接收。当计数管在测角仪圆所在平面内扫射时，样品与计数管以 1∶2 速度连动。因此，在某些角位置能满足布拉格条件的晶面所产生的衍射线将被计数管依次记录并转换成电脉冲信号，经放大处理后通过记录仪描绘成衍射图。

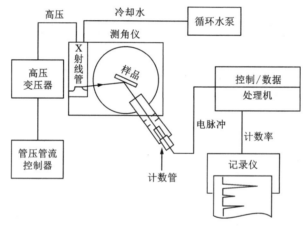

3-15-1　X-射线衍射仪框图

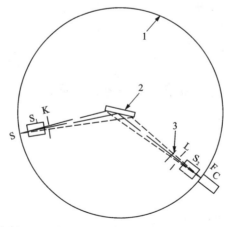

1—测角仪圆，2—试样，3—滤波片，S—光源，S_1、S_2—梭拉狭缝，
K—发散狭缝，L—防散射狭缝，F—接收狭缝，C—计数管

图 3-15-2　测角仪光路示意图

2．X-射线衍射测定晶体结构的原理和方法

X-射线物相分析法是一种根据晶体对 X-射线的衍射特征——衍射线的位置及强度来鉴定结晶物质的物相的方法。

每一种结晶物质都有各自独特的化学组成和晶体结构。没有任何两种物质的晶胞大小、质点种类及其在晶胞中的排列方式是完全一致的。因此，当 X-射线被晶体衍射时，每一种结晶物质都有自己独特的衍射花样，它们的特征可以用各个反射晶面的间距 d 和衍射线相对强度 I/I_0 来表征。其中晶面间距 d 与晶胞的形状和大小有关，衍射线相对强度 I/I_0 则与质点的种类及其在晶胞中的位置有关。所以任何一种结晶物质的衍射数据 d 和 I/I_0 是其晶体结构的必然反映，因而可以根据它们来鉴别结晶物质的物相。

（1）JCPDS 卡片

既然结晶物质的衍射花样是进行物相鉴定的特征，就有必要对各种已知物相的衍射花样进行收集，以便与待测物相的衍射花样进行对比，用来鉴定不同物相。因此，物相鉴定的关键在于全面收集各种已知物相的衍射数据。JCPDS 卡片即为"X-射线粉晶数据卡片"，每张卡片上列有一种物质的标准衍射数据 d 和 I/I_0 及结晶数据等，是目前最为完备的 X-射线粉末衍射数据。

（2）JCPDS 卡片的索引

要从几十万张卡片中检索出物相是十分困难的，必须建立一个有效的索引。常用索引及使用方法如下。

①哈氏（Hanawalt）索引，是一种按 d 值编排的数字索引，是鉴定未知物相时主要使用的索引。在哈氏索引中，每一种物相的数据占一行，成为一个项。由每个物质的八条最强线的 d 值和相对强度、化学式、卡片号、显微检索号组成。其中八条衍射线的 d 值按强度递减的顺序排列，每条线的相对强度标在 d 值的右下角，用"x"代表强度为 10，如 3.34_x、4.26_4、1.54_2……表示 d 值为 3.34 的晶面的衍射强度为 100% 时，d 值为 4.26 的晶面的衍射强度为 40%，d 值为 1.54 的晶面的衍射强度为 20%。整个索引把排列在第一位的最强线的 d 值范围分成 51 个大组，在各组内，则将排列在第二位的衍射线 d 值自大至小为序进行编排。

对未知物作卡片检索时，首先在 $2\theta < 90°$ 的线中选三条最强线，d_1、d_2、d_3，下标 1、2、3 表示强度降低的顺序。然后在这三条最强线之外，再选出五条最强线，按相对强度由大而小的顺序其对应的 d 值依次为 d_4、d_5、d_6、d_7、d_8。然后以所列第一个 d 值为准，在索引中找到哈氏组，再在该组内第二纵列找出与第二个 d 值相等的数值，并对比其余 6 个 d 值是否相等。如果 8 个 d 值都相等，强度也基本吻合，则该行所列卡片号即为所查未知物卡片。若查找不到所需卡片号，可将前 3 条强线的 d 值轮番排列，后五条线的 d 值顺序始终不变，再用同样的方法查找，必可在某一处找到卡片号。

②芬克（Fink）索引，也是一种按 d 值编排的数字索引。它主要是为强度失真的衍射花样和具有择优取向的衍射花样设计的，在鉴定未知的混合物相时，它比使用 Hanawalt 索引来得方便。

③戴维（Davey-KWIC）索引，是以物质的单质或化合物的英文名称，按英文字母顺序排列而成的索引。

当材料的组成元素的范围已知时，只要把这些元素可能形成的物相逐个与所得试验数据对比，就可简单地确定存在的物相，这一工作可以由计算机完成。但当有多种物相的数据与

试验数据相近时,还需要实验者根据实际情况来进行人工判定。

3.衍射实验方法

X-射线衍射定性分析的实验方法包括样品制备、实验参数选择以及样品测试。

(1)样品制备

X-射线衍射仪均附有表面平整光滑的玻璃或铝质的样品板,板上开有窗孔或不穿透的凹槽,将样品放入其中进行测定。X-射线衍射分析的样品主要有粉末样品、块状样品、薄膜样品、纤维样品等。样品不同,分析目的不同(定性分析或定量分析),则样品制备方法也不同。

①粉末样品的制备。

将待测粉末试样在玛瑙研钵中研细至 10 μm 左右。再将适量研磨好的细粉填入玻璃样品板的凹槽中,并用平整光滑的玻璃板将其压平实,要求试样表面与玻璃表面齐平。如果试样的量少,不能充分填满玻璃试样架凹槽,可在凹槽里先滴一薄层用醋酸戊酯稀释的火棉胶溶液,然后将粉末试样撒在上面,待干燥后测试。

②特殊样品的制备。

对于金属、陶瓷、玻璃等一些不易研成粉末的样品,可先将其锯成窗孔大小,表面研磨抛光,再用橡皮泥或石蜡将其固定在窗孔内。对于片状、纤维状或薄膜样品也可取窗孔大小直接嵌固在窗孔内。但固定在窗孔内的样品其平整表面必须与样品板平齐,并对着入射 X-射线。

(2)实验参数的选择

①狭缝:狭缝的大小对衍射强度和分辨率都有影响。狭缝越小,分辨率越高,衍射强度越低。一般如需要提高强度时宜选取大些的狭缝,需要高分辨率时宜选小些的狭缝,尤其是接收狭缝对分辨率影响更大。每台衍射仪都配有各种狭缝以供选用。

②时间常数:反映计数率仪中脉冲平均电路对脉冲响应的快慢程度。时间常数大,脉冲响应慢,对脉冲电流具有较大的平整作用,不易分辨出电流随时间变化的细节,因而强度线形相对光滑,峰形变宽,高度下降,峰形移向扫描方向;时间常数过大,还会引起线形不对称,使一条线形的后半部分拉宽。反之,时间常数小,能如实绘出计数脉冲到达速率的统计变化,易于分辨出电流时间变化的细节,使弱峰易于分辨,衍射线形和衍射强度更加真实。计数率仪均配有多种可供选择的时间常数。

③扫描速度:扫描速度是指计数器转动的角速度。慢速扫描可使计数器在某衍射角度范围内停留的时间更长,接收的脉冲数目更多,使衍射数据更加可靠,但需要花费较长的时间。对于精细的测量应采用慢扫描,物相的预检或常规定性分析可采用快扫描,在实际应用中可根据测量需要选用不同的扫描速度。

④走纸速度:走纸速度起着与扫描速度相反的作用,快走纸速度可使衍射峰分得更开,提高测量准确度。一般精细的分析工作可用较快速的走纸,常规的分析可使走纸速度适当放慢些。

三、仪器(设备)与试剂

1.仪器(设备):粉末衍射仪(如图 3-15-3 所示),玛瑙研钵。

2.实验试剂:五氧化二钒粉末。

图 3-15-3　粉末衍射仪

四、实验步骤

1. 样品制备

用玛瑙研钵将五氧化二钒粉末研细至 $10~\mu m$ 左右。将研磨好的粉末试样均匀填充在玻璃试样架的凹槽里并用光滑平整的玻璃板压平实,并将槽外或高出样品板面的多余粉末刮去,重新将粉末样品压平实,使样品表面与玻璃表面齐平。

2. 样品测试

(1) 开机前的准备和检查

将制备好的试样插入衍射仪样品台,盖上顶盖关闭防护罩;开启水龙头,使冷却水流通;X 光管窗口应关闭,管电流管电压表指示应在最小位置;接通总电源。

(2) 开机操作

开启衍射仪总电源,启动循环水泵;待数分钟后,打开计算机 X-射线衍射仪应用软件,设置管电压、管电流至需要值,设置合适的衍射条件及参数,开始样品测试。

(3) 停机操作

测量完毕,关闭 X-射线衍射仪应用软件;取出试样;30 min 后关闭循环水泵,关闭水源;关闭衍射仪总电源及线路总电源。

五、数据处理

获得 XRD 图谱后,采用 MDI Jade 6.0 软件对样品 XRD 测试数据进行分析,以定性分析样品的物相。

1. 数据导入。打开 MDI Jade 软件,通过"file-read"或菜单栏中的文件夹图标打开测试得到的 XRD 数据文件,得到样品的 XRD 衍射图。

2. 背景及 $K_\alpha 2$ 线扣除。点击" BG "键显示已有的背底,然后再次点击" BG "键,去除背底以及 $K_\alpha 2$。

3. 确定峰位。在主菜单栏中选择"analysis/find peaks",进入确定峰位所需的参数设置窗口,一般选择默认值,选择"apply"回到主窗口;也可以根据峰的形状设定。

4. 物相检索。右键点击" S/M "键,弹出检索对话框,设定初步检索条件,点击"OK"开始检索,得到检索结果。

六、思考题

1. X-射线衍射仪由哪几部分构成?
2. X-射线衍射物相定性分析的原理是什么?
3. 用 X-射线衍射仪进行测试,对样品有哪些要求?

七、注意事项

1. 样品粉末的粗细:样品的粗细对衍射峰的强度有很大的影响,应使用玛瑙研钵将样品研磨至平均粒径在 10 μm 左右,以保证有足够的晶粒参与衍射。

2. 样品的择优取向:具有片状或柱状完全解理的样品物质,其粉末一般都呈细片状,在制作样品过程中易于形成择优取向,形成定向排列,从而引起各衍射峰之间的相对强度发生明显变化。对于此类物质,应对粉末进行长时间(例如达半小时)的研磨,使之尽量细碎;制样时尽量轻压;必要时还可在样品粉末中掺和等体积的细粒硅胶。

八、附图

图 3-15-4 所示为五氧化二钒的 XRD 图谱。V_2O_5 属于正交晶系(JCPDS 41-1426,$a = 1.1511$ nm,$b = 0.3560$ nm,$c = 0.4369$ nm),Pmmn 空间群。

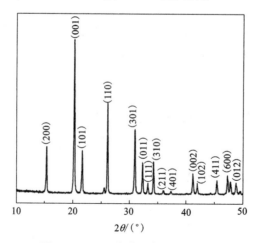

图 3-15-4 五氧化二钒的 XRD 图

九、参考文献

[1] 潘春旭，方鹏飞，汪大海. 材料物理与化学实验教程[M]. 长沙：中南大学出版社，2008.
[2] 谷亦杰，宫声凯. 材料分析检测技术[M]. 长沙：中南大学出版社，2009.
[3] 黄继武，李周. 多晶材料 X 射线衍射：实验原理、方法与应用[M]. 北京：冶金工业出版社，2012.
[4] 黄继武，李周. X 射线衍射理论与实践（Ⅰ）[M]. 北京：化学工业出版社，2021.
[5] 黄继武，李周. X 射线衍射理论与实践（Ⅱ）[M]. 北京：化学工业出版社，2021.
[6] 谢忠信，赵宗铃，张玉斌，等. X 射线光谱分析[M]. 北京：科学出版社，1982.
[7] 张锐. 现代材料分析方法[M]. 北京：化学工业出版社，2007.
[8] Liang S Q, Qin M L, Tang Y, et al. Facile synthesis of nanosheet–structured V_2O_5 with enhanced electrochemical performance for high energy lithium–ion batteries[J]. Metals and Materials International, 2014, 20(5)：983–988.

实验十六　扫描电子显微镜测试材料形貌

一、实验目的

1. 了解扫描电镜的结构。
2. 熟悉扫描电镜测试材料形貌的原理。
3. 掌握扫描电镜测试材料形貌的实验过程和形貌分析方法。

二、实验原理

扫描电子显微镜是用细聚焦的电子束轰击样品表面，通过对电子与样品相互作用产生的各种信息进行收集、处理，从而获得样品的微观形貌放大像。扫描电子显微镜已广泛用于材料科学（金属材料、非金属材料、纳米材料）、冶金、生物学、医学、半导体材料与器件、地质勘探、病虫害的防治、灾害（火灾、失效分析）鉴定、刑事侦察、宝石鉴定、工业生产中的产品质量鉴定及生产工艺控制等。

1. 扫描电镜的结构

扫描电子显微镜主要由电子光学系统、信号检测收集与显示系统、真空系统和电源系统等组成，其结构示意图如图 3-16-1 所示。

（1）电子光学系统：主要包括电子枪、电磁透镜、扫描线圈和样品室等部件。其作用是获得扫描电子束，作为使样品产生各种信号的激发源。为了获得较高的信号强度和图像分辨率，扫描电子束应具有较高的亮度和尽可能小的束斑直径。

①电子枪：其作用是利用阴极与阳极灯丝间的高压产生高能量的电子束。常规电子枪的灯丝有钨灯丝、六硼化镧灯丝。

②电磁透镜：其作用是把电子枪产生的电子束束斑缩小。扫描电子显微镜一般有三个聚光镜，前两个为强磁透镜，用来缩小电子束的束斑直径。第三个透镜是弱磁透镜，也称为物镜，具有较长的焦距。扫描电子显微镜中照射到样品上的束斑越小，其成像单元尺寸越小，相应的分辨率就越高。

③扫描线圈：其作用是提供入射电子束在样品表面以及阴极射线管内电子束在荧光屏上的同步扫描信号。扫描线圈一般放置在最后两个透镜之间，也有放置在末级透镜空间内的，使电子束在进入末级透镜磁场之前就发生偏转。扫描电子显微镜采用双偏转线圈以保证方向一致的电子束都能通过透镜中心射到样品表面上，当电子束进入上偏转线圈时发生第一次折射，然后在进入下偏转线圈时发生第二次折射。

④样品室：样品室主要部件之一是样品台。样品台可进行 x、y、z 三个方向的平移，和在水平面内旋转或沿水平轴倾斜。

（2）信号检测收集与显示系统：主要包括各种信号探测器、前置放大器和显示器。检测样品在入射电子作用下产生的物理信号，然后经视频放大作为显像系统的调制信号，在荧光屏上得到反映样品表面形貌特征的扫描放大像。

（3）真空系统：包括机械泵和油扩散泵。真空系统的作用是为保证电子光学系统正常工作，防止样品污染，一般情况下要求保持 $1.33 \times 10^{-2} \sim 1.33 \times 10^{-3}$ Pa 的真空度。

（4）电源系统：由稳压、稳流及相应的安全保护电路所组成，其作用是提供扫描电镜各部分所需的电源。

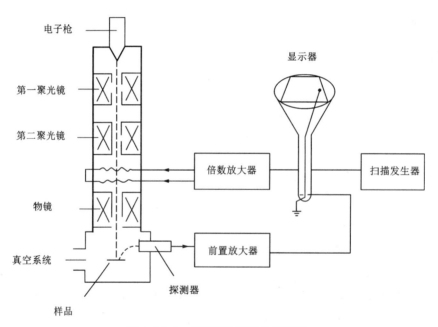

图 3-16-1　扫描电镜的结构示意图

2. 扫描电镜的成像原理

扫描电镜由电子枪发射出来的电子束，在加速电压的作用下，经两个聚光镜和一个物镜聚焦后，形成一个具有一定能量、强度和斑点直径的入射电子束；在扫描线圈产生的磁场作用下，入射电子束按一定时间、空间顺序做光栅式扫描。由于高能电子束与样品元素的原子核及外层电子发生单次或多次弹性与非弹性碰撞，一些电子被反射出样品表面，而其余的电子则渗入样品中，逐渐失去其动能，最后停止运动，并被样品吸收。在此过程中有 99% 以上的入射电子能量转变成样品热能，而其余约 1% 的入射电子能量从样品中激发出各种信号。

如图 3-16-2 所示，这些信号主要包括二次电子、背散射电子、吸收电子、透射电子、阴极荧光、X-射线等。扫描电镜通过这些信号得到信息，从而对样品进行分析。

二次电子：是指样品原子内的电子被入射电子激发，逸出表面的电子。二次电子一般都是在表层 5~10 nm 深度范围内发射出来的，它对样品的表面形貌十分敏感，因此，能非常有效地显示样品的表面形貌。二次电子的产额和原子序数之间没有明显的依赖关系，所以不能用它来进行成分分析。

背散射电子：是被固体样品中的原子核反弹回来的一部分入射电子，背散射电子来自样品表层几百纳米的深度范围。由于它的产能随样品原子序数增大而增多，所以不仅能用作形貌分析，而且可以用来显示原子序数衬度，定性地用作成分分析。背散射电子信号强度要比二次电子低得多，所以粗糙表面的原子序数衬度往往被形貌衬度所掩盖。

特征 X-射线：当样品表面原子的内层电子被入射电子激发或者电离时，能量较高的外层电子将向内层跃迁以填补内层电子的空缺，此时外层电子将会以光子辐射的方式释放能量。利用 X-射线探测器得到样品微区中存在的某一特征波长，就可以判断这个微区中存在的相应元素。

阴极荧光：入射电子轰击半导体材料时，将半导体价带中的电子激发到导带上，产生电子-空穴对，如果电子-空穴对发生复合则会产生荧光。阴极荧光测试可以得到样品的杂质、缺陷等信息。

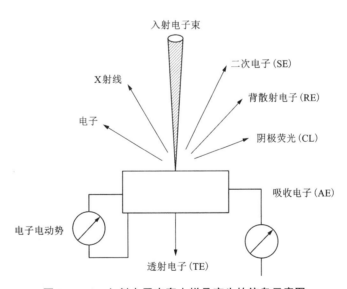

图 3-16-2　入射电子束轰击样品产生的信息示意图

图 3-16-3 为二次电子成像原理。当具有一定能量的入射电子束轰击样品表面时，由于入射电子与样品之间的相互作用，从样品中激发出二次电子并通过收集极收集起来。这些二次电子经加速并射到闪烁体上，使二次电子信息转变成光信号，经过光导管进入光电倍增管，使光信号再转变成电信号。这个电信号又经视频放大器放大，并将其输入到显像管的栅极中，调制荧光屏的亮度，在荧光屏上就会出现与试样上一一对应的相同图像。入射电子束在样品表面上扫描时，因二次电子发射量随样品表面起伏程度(形貌)变化而变化。故视频放

大器放大的二次电子信号是一个交流信号，用这个交流信号调制显像管栅极，其结果在显像管荧光屏上呈现一幅亮暗程度不同、反映样品表面起伏程度(形貌)的二次电子像。

扫描电镜除能检测二次电子图像以外，还能检测背散射电子、透射电子、特征 X-射线、阴极发光等信号图像，其成像原理与二次电子像相同。

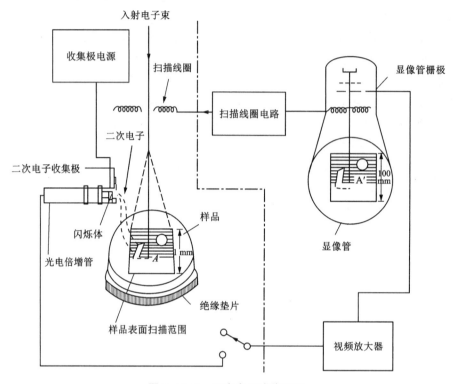

图 3-16-3　二次电子成像原理

3.试样的制备方法

（1）粉末样品的制备

取少量粒径在 0.01～1 mm 的粉末样品，均匀撒落在贴有双面胶带的样品台上，用吸耳球吹去未黏牢的颗粒即可；粒径小于 0.01 mm 的粉末样品，由于颗粒微小，用双面胶制样观察效果不佳，可采用悬浮法，用超声波分散后滴在割小的载玻片上，自然干燥即可。

（2）固体块状样品的制备

对于导电的固体样品只要取适合于样品台大小的试样块，注意不要损伤或污染所要观察的新鲜断面，用导电胶固定在样品台上，可直接放入扫描电镜中观察；对于导电性差或不导电的样品，采用同样的制样方法，制好的样品须喷镀一层导电层后再放入扫描电镜中观察。

（3）生物样品的制备

样品经取材和适当清洗后进行固定、脱水、临界点干燥或冷冻干燥，用双面胶带纸或导电银胶固定在样品台上，喷镀导电层即可。

（4）纤维样品的制备

需要按观察要求将化纤、羊毛、棉纱等原丝或编织物横向(轴向)两端用胶带固定或纵向观察(观察断口或内部),也可以将纤维插进专业的套管或利用医学中常用的包埋法将其固定。

不导电样品表面需要蒸镀一层导电层,可有效地防止样品荷电,提高试样二次电子的发射率,减少试样表面的热损伤,增加导电、导热性。用于蒸镀导电层的材料有金、铂、银、铜、铝、碳等,观察二次电子象常选择金、铂作为蒸镀导电层的材料,这是因为金、铂易蒸镀,膜厚易控制,二次电子发射率高,导电膜化学性能稳定。对于用背散射电子信号观察原子序数衬度像的样品需要进行抛光,不导电的样品还需在其表面喷碳(因镀金层吸收背散射电子过大,影响背散射电子信号观察)。

三、仪器(设备)与试剂

1. 仪器(设备):扫描电子显微镜,如图 3-16-4 所示。
2. 实验试剂:五氧化二钒粉末。

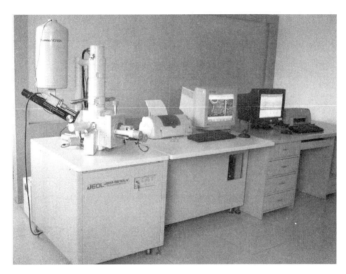

图 3-16-4　扫描电子显微镜

四、实验步骤

1. 样品制备

首先在载物盘上粘上双面胶带,然后取少量五氧化二钒粉末置于胶带上,再用洗耳球朝载物盘径向朝外方向轻吹,以使粉末均匀分布在胶带上,并吹走黏结不牢的粉末,最后进行蒸金处理。

2. 测试过程

(1)打开总电源,接通循环水。

(2)打开主机稳压电源开关,打开主机,真空系统开始工作,打开计算机运行。

(3)仪器自动抽高真空约 20 min,真空度达到后,点击电子枪加高压,进入工作状态。

(4)通过计算机可以进行样品台的移动,改变放大倍数、聚焦、象散、对比度、亮度等调整,直到获得满意的图像。

(5)对于满意的图像可以进行存盘或打印。

(6)样品观察完后，关闭电子枪高压，调整样品台回到中心位置。

(7)关闭扫描电镜操作界面，关闭计算机。

(8)关闭主机电源，扫描电镜停止工作；等待 20 min 后关闭循环水；关闭总电源。

五、数据处理

测试得到 SEM 图后，可对样品的三维形貌进行观察和分析。

六、思考题

1. 电子束入射固体样品表面会激发哪些信号？

2. 扫描电镜分析样品表面形貌常用哪个信号？

3. 不导电样品的表面为什么要蒸镀一层导电层？蒸镀导电层常用的材料有哪些？

七、注意事项

1. 制备样品时，需要用洗耳球朝载物盘径向朝外方向轻吹，注意不可用嘴吹气，以免唾液黏在试样上，也不可用工具拨粉末，以免破坏试样表面形貌。

2. 对于不导电的无机粉末样品，观察前需在表面喷镀一层导电金属或碳，镀膜厚度控制在 5~10 nm 为宜。

八、附图

图 3-16-5 为五氧化二钒正极材料在放大一万倍后的形貌图。V_2O_5 粉末由厚度为 200~500 nm 的片状颗粒组成。

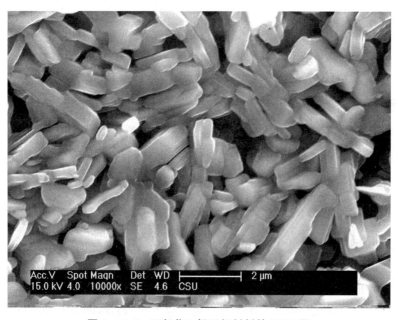

图 3-16-5　五氧化二钒正极材料的 SEM 图

九、参考文献

[1]　左演声,陈文哲,梁伟.材料现代分析方法[M].北京:北京工业大学出版社,2000.

[2]　潘春旭,方鹏飞,汪大海.材料物理与化学实验教程[M].长沙:中南大学出版社,2008.

[3]　谷亦杰,宫声凯.材料分析检测技术[M].长沙:中南大学出版社,2009.

[4]　周玉.材料分析方法[M].3版.北京:机械工业出版社,2011.

[5]　陈世朴,王永瑞.金属电子显微分析[M].北京:机械工业出版社,1982.

[6]　杜学礼,潘子昂.扫描电子显微镜分析技术[M].北京:化学工业出版社,1986.

[7]　张锐.现代材料分析方法[M].北京:化学工业出版社,2007.

[8]　Liang S Q, Qin M L, Tang Y, et al. Facile synthesis of nanosheet-structured V_2O_5 with enhanced electrochemical performance for high energy lithium-ion batteries[J]. Metals and Materials International, 2014, 20(5): 983-988.

实验十七　透射电子显微镜测试材料形貌

一、实验目的

1. 了解透射电镜的结构。

2. 熟悉透射电镜测试材料形貌的原理。

3. 掌握透射电镜测试材料形貌的操作步骤和形貌分析方法。

二、实验原理

1. 透射电镜的结构

透射电镜是以高能电子束作为照明源,用电磁透镜聚焦成像的一种高分辨率、高放大倍数的电子光学仪器,主要由电子光学系统、电源控制系统和真空系统等三大部分构成。

2. 电子光学系统

电子光学系统为透射电镜的核心部分,它主要包括照明系统、成像与放大系统、观察和记录系统组成,如图 3-17-1 所示。

①照明系统。

照明系统主要由电子枪、加速管和聚光镜组成。电子枪是产生电子的装置。根据发射电子机制的不同,电子枪又分为热电子发射型(钨灯丝和 LaB_6)和场发射型(冷场发射和热场发射)。电子枪发射电子形成照明光源,加速管利用高压发生器产生的高压加速电子枪发射出的电子。聚光镜将电子枪发射的电子会聚成亮度高、相干性好、束流稳定的电子束照射待测样品。

②成像与放大系统。

成像与放大系统主要由样品室、物镜、中间镜、投影镜以及物镜光阑、选区光阑组成。其中物镜光阑应处在物镜的后焦面上,其主要作用是选择后续成像的电子束,获得不同衬度的图像;选区光阑则位于物镜的像平面上,其主要功能是根据图像选择研究者感兴趣的区域,实现电子衍射功能。

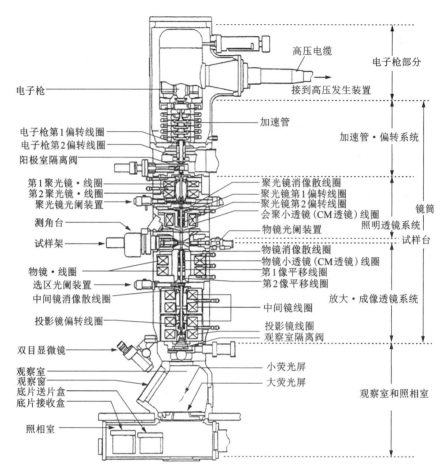

图 3-17-1　电子光学系统剖面图

　　样品室位于物镜的上下极靴之间，其作用是在高真空条件下通过样品杆更换样品和使样品在物镜极靴内平移、倾斜及转动。物镜是成像系统的核心，它是一套强磁透镜，其功能一是将来自试样不同地方、同相位的平行光会聚于其后焦面上，构成含有试样结构信息的衍射花样；二是将来自试样同一点、但沿不同方向传播的散射束会聚于其像平面上，构成与试样组织相对应的显微像。中间镜是一组可变倍率的弱透镜，其作用是将物镜形成的图像或衍射花样投射到投影镜的物平面上，起到放大作用。投影镜一般是一个固定倍率的强磁透镜，其作用是将中间镜形成的图像或衍射花样放大到荧光屏或者 CCD（电荷耦合器件）上面，从而获得最终放大的图像或者衍射花样。

　　③观察和记录系统

　　观察和记录系统主要由双目显微镜、观察室、荧光屏和照相室组成。图像记录方式包括照相胶片、TV 摄像、成像板和慢扫描 CCD 相机组成。

　　（2）电源控制系统

　　为保证仪器的分辨率及操作的稳定性，电压及电流都必须非常稳定，这就要求主电源内的各线路产生的电压或电流的漂移不能超过规定值的百万分之一，必须依靠精确的电子线路来控制。

(3)真空系统

真空系统也是透射电镜的重要组成部分。透射电镜镜筒内要求有较高的真空度,而且高性能的电镜要求的真空度更高(可达 10^{-8} Pa)。为此,一般透射电镜都配有由机械泵、扩散泵和离子泵组成的三级真空泵系统,以此来达到较高的真空度。

3.透射电镜的成像原理

透射电镜的成像原理与光学显微镜类似,根本不同点在于光学显微镜以可见光作照明束,用玻璃透镜将可见光聚焦成像,而透射电子显微镜则以电子为照明束,通过电磁透镜聚焦成像。利用透射电镜可以对材料进行形貌观察、微相分析和结构鉴定等,通过选配附件还可以对试样进行微区成分分析(EDS)、微区结构分析(会聚束及微衍射)、电子结构和价态分析(能量损失谱)等。

(1)成像操作与衍射操作

调整励磁电流即改变中间镜的焦距,从而改变中间镜物平面与物镜后焦面之间的相对位置。当中间镜的物平面与物镜的像平面重合时,投影屏上将出现微区组织的形貌像,这样的操作称为成像操作,如图 3-17-2(a)所示;当中间镜的物平面与物镜的后焦面重合时,投影屏上将出现所选区域的衍射花样,这样的操作称为衍射操作,如图 3-17-2(b)所示。

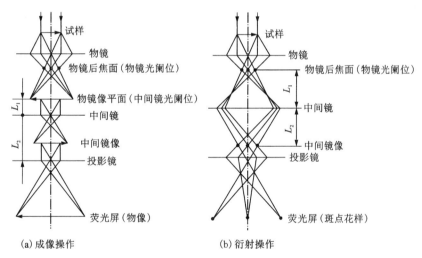

图 3-17-2　中间镜的成像操作与衍射操作

(2)明场操作、暗场操作及中心暗场操作

通过平移物镜光阑,分别让透射束或衍射束通过所进行的操作。仅让透射束通过的操作称为明场操作,所成的像为明场像,如图 3-17-3(a)所示;反之,仅让某一衍射束通过的操作称为暗场操作,所成的像为暗场像,如图 3-17-3(b)所示。通过调整偏置线圈,使入射电子束倾斜 $2\theta_B$ 角,如图 3-17-3(c)所示,晶粒 B 中的 (hkl) 晶面组完全满足衍射条件,产生强烈衍射,此时的衍射斑点移到了中心位置,衍射束与透镜的中心轴重合,孔径半角大大减小,所成像比暗场像更加清晰,成像质量得到明显改善,这种成像操作为中心暗场操作,所成像为中心暗场像。

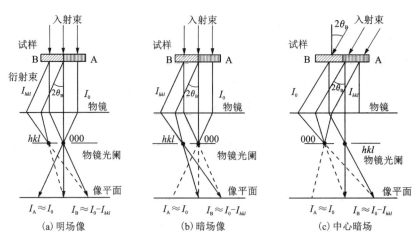

图 3-17-3　衍射衬度产生原理图

4.样品制备技术

（1）粉体样品的制备：将粉末材料进行研磨、过滤等处理，使粉末颗粒的粒径控制在 50 nm 以下，然后取少量粉末放入装有无水乙醇（根据材料不同，也可选用甲苯、丙酮等）的小试管中，再放入超声波振荡器中震荡 10 min 左右，使粉末颗粒充分悬浮在液体中。最后将悬浮液滴到铜网或微栅上（观测倍数在 20 万倍以下时，用铜网；观测倍数在 20 万倍以上时，用微栅），待乙醇挥发完后即可放入透射电镜中进行观测。粉末样品制备的关键是如何将超细颗粒分散开来，各自独立而不团聚。

（2）块体样品的制备：首先用金刚石圆锯或线切割机将块体材料切割成厚度为 0.5 mm 以下、面积为 2 cm² 以上的薄片，再用砂纸将其厚度打磨到 0.1 mm 以下。然后用样品冲片器将薄片冲成直径为 3 mm 的小圆片，再用凹坑仪在小圆片的中心位置凹一个小坑，以备用。

三、仪器（设备）与试剂

1.仪器（设备）：透射电子显微镜，如图 3-17-4 所示。

2.实验试剂：二氧化钒粉末。

图 3-17-4　透射电子显微镜

四、实验步骤

1. 样品制备

分别取适量的样品粉末和无水乙醇加入小试管中，超声振荡 10 min 左右，用玻璃毛细管吸取粉末和无水乙醇的均匀混合液，然后滴 2~3 滴该混合液到微栅网上。等乙醇挥发完毕，将样品装上样品台插入电镜进行测试。

2. 样品测试

（1）明场像和暗场像观察

①选好放大倍数；选好视场；对好焦。

②插入选区光阑，退出物镜光阑，按下面板的 DIFF，得到选区电子衍射图 SAED，顺时针转动 BRIGHTNESS，使电子束散开，同时调节 DIFF-FOCUS 旋钮，得到敏锐的衍射斑点。

③按下 PLA 按键，将透射斑移到荧光屏的中心。

④用指针 STOPPER 指向所要的衍射斑点。

⑤按下 DARK-TILT，将衍射斑移到荧光屏的中心（衍射斑和透射斑在荧光屏的中心位置，必须尽可能一致）。

⑥插入物镜光阑套住荧光屏中心的衍射斑点，转入成像操作方式。

⑦取出选区光阑，按下 BRIGHT-TILT，得到明场像，按下 DARK-TILT，得到中心暗场像。

（2）选取电子衍射观察

①插入选区光阑，套住欲分析的物相，调整中间镜电流使选区光阑边缘清晰，此时选区光阑平面与中间镜物平面重合。

②调整物镜电流，使选区内物像清晰，此时样品的一次像正好落在选区光阑平面上，即物镜像平面、中间镜物面、光阑面三面重合。

③抽出物镜光阑，减弱中间镜电流，使中间镜物平面移到物镜背焦面，荧光屏上可观察到放大的电子衍射花样。

④用中间镜旋钮调节中间镜电流，使中心斑最小最圆，其余斑点明锐，此时中间镜物面与物镜背焦面相重合。

⑤减弱第二聚光镜电流，使投影到样品上的入射束散焦（近似平行束），照相记录得到衍射花样。

五、数据处理

1. 对 TEM 图进行分析时，应先从各种资料中尽可能地对被分析样品有所了解，估计可能出现的结果，再与电镜图片进行比对，做出正确的解释。

2. 使用透射电镜的电子衍射功能可以判断样品的结晶状态：单晶为排列完好的点阵；多晶为一组序列直径的同心环；非晶为一对称的球形。

六、思考题

1. 简述透射电镜电子光学系统的组成及各部分的作用。

2. 透射电镜成像的基本原理是什么？

3.透射电镜分析对样品有什么要求?

4.简述明暗场成像的原理、操作方法与步骤。

七、注意事项

1.严格按规范操作,避免误操作。

2.注意选区光阑的合理选择与应用。

八、附图

图 3-17-5 为实验九合成的 VO_2 的 TEM 图。产物由纳米带组成,纳米带的厚度约为 10 nm,宽度约为 50 nm,长度约为 2 μm。

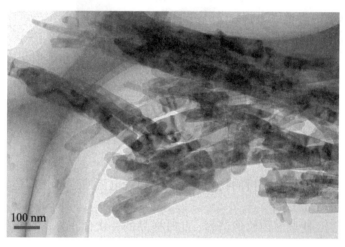

100 nm

图 3-17-5 VO_2 纳米带的 TEM 图

九、参考文献

[1] 潘春旭,方鹏飞,汪大海.材料物理与化学实验教程[M].长沙:中南大学出版社,2008.

[2] 谷亦杰,宫声凯.材料分析检测技术[M].中南大学出版社,2009.

[3] 张锐.现代材料分析方法[M].北京:化学工业出版社,2007.

[4] 陈世朴,王永瑞.金属电子显微分析[M].北京:机械工业出版社,1982.

[5] 周玉.材料分析方法[M].3 版.北京:机械工业出版社,2011.

[6] 黄孝瑛.透射电子显微学[M].上海:上海科学技术出版社,1987.

[7] 刘文西.材料结构电子显微分析[M].天津:天津大学出版社,1989.

[8] 郭可信,叶恒强,吴玉琨.电子衍射图在晶体学中的应用[M].北京:科学出版社,1989.

[9] Qin M L, Liang Q, Pan A Q, et al. Template-free synthesis of vanadium oxides nanobelt arrays as high-rate cathode materials for lithium ion batteries[J]. Journal of Power Sources, 2014, 268: 700-705.

[10] 秦牡兰,刘万民,张志成,等.钠离子电池正极材料 $VO_2(B)$ 纳米带阵列的可控合成与电化学性能[J].中国有色金属学报,2018,28(6):1151-1158.

实验十八　激光粒度仪测试粉体材料粒径

一、实验目的

1.熟悉粒度测试的基本知识和基本方法。

2.了解激光粒度分析的基本原理和特点。

3.掌握采用激光粒度分析仪测定粒度和粒度分布的方法。

二、实验原理

1.粒度测试的基本知识

粉体：由大量不同尺寸颗粒组成的颗粒群。

颗粒：在一定尺寸范围内具有特定形状的几何体。颗粒不仅指固体颗粒，还有雾滴、油珠等液体颗粒。

粒度：颗粒的大小叫作颗粒的粒度。

粒径：是指颗粒直径。

等效粒径：是指当一个颗粒的某一物理特性与同质的球形颗粒相同或相近时，就用该球形颗粒的直径来代表这个实际颗粒的直径，那么这个球形颗粒的粒径就是该实际颗粒的等效粒径。

D50：一个样品的累计粒度分布百分数达到50%时所对应的粒径。它的物理意义是粒径大于它的颗粒占50%，小于它的颗粒也占50%。D50也叫中位径或中值粒径，常用来表示粉体的平均粒度。

D97：一个样品的累计粒度分布数达到97%时所对应的粒径。它的物理意义是粒径小于它的颗粒占97%。D97常用来表示粉体粗端的粒度指标。其他如D10、D90等参数的定义与物理意义与D97相似。

粒度分布：用特定的仪器和方法测试出的不同粒径颗粒占粉体总量的百分数。有区间分布和累计分布两种形式。区间分布又称为微分分布或频率分布，它表示一系列粒径区间中颗粒的百分含量。累计分布也叫积分分布，它表示小于或大于某粒径颗粒的百分含量。

粒度分布的表示方法：有表格法、图形法和函数法三种。表格法是指用表格的方法将粒径区间分布、累计分布一一列出的方法。图形法是指在直角坐标系中用直方图和曲线等形式表示粒度分布的方法。函数法是指用数学函数表示粒度分布的方法。

等效体积径：与实际颗粒体积相同的球的直径。一般认为激光法所测得的直径为等效体积径。

等效沉降径：在相同条件下与实际颗粒沉降速度相同的球的直径。沉降法所测得的粒径为等效沉降径。

等效电阻径：在相同条件下与实际颗粒产生相同电阻效果的球形颗粒的直径。库尔特法所测的粒径为等效电阻径。

等效投进面积径：与实际颗粒投进面积相同的球形颗粒的直径。显微镜法和图像法所测得的粒径大多是等效投影面积直径。

比表面积：单位质量的颗粒的表面积之和。比表面积的单位为 m^2/kg 或 cm^2/g。比表面积与粒度有一定的关系，粒度越细，比表面积越大，但这种关系并不一定是正比关系。

遮光比：指测量用的照明光束被测量中的样品颗粒阻挡的部分与照明光的比值，颗粒在测量介质中的浓度。

粒度测试的重复性：同一个样品多次测量结果之间的偏差。重复性指标是衡量一个粒度测试仪器和方法好坏的最重要的指标。影响粒度测试重复性有仪器和方法本身的因素、样品制备方面的因素、环境与操作方面的因素等。粒度测试应具有良好的重复性是对仪器和操作人员的基本要求。

粒度测试的真实性：通常的测量仪器都有准确性方面的指标。由于粒度测试的特殊性，通常用真实性来表示准确性方面的含义。由于粒度测试所测得的粒径为等效粒径，对同一个颗粒，不同的等效方法可能会得到不同的等效粒径。

2.粒度测试的方法与基本原理

（1）沉降法：沉降法是根据不同粒径的颗粒在液体中的沉降速度不同表测量粒度分布的一种方法。它的基本过程是把样品放到某种液体中制成一定浓度的悬浮液，悬浮液中的颗粒在重力或离心力作用下将发生沉降。不同粒径颗粒的沉降速度是不同的，大颗粒的沉降速度较快，小颗粒的沉降速度较慢。

（2）激光法：激光法是根据激光照射到颗粒后，颗粒能使激光产生衍射或散射的现象来测试粒度分布的。由激光器发生的激光，经扩束后成为一束直径为 10 mm 左右的平行光。在没有颗粒的情况下该平行光通过复式透镜后汇聚到后焦平面上。当通过适当的方式将一定量的颗粒均匀地放置到平行光束中时，平行光将发生散射现象。大颗粒引发的散射光的角度小，颗粒越小，散光与轴之间的角度就越大。这些不同角度的散射光通过复式透镜后在焦平面上将形成一系列有不同半径的光环，由这些光环组成的明暗交替的光斑称为 Airy 斑。Airy斑中包含着丰富粒度信息，简单地理解就是半径大的光环对应着较小的粒径；半径小的光环对应着较大的粒径；不同半径的光环光的强弱，包含该粒径颗粒的数量信息。这样在焦平面上放置一系列的光电接收器，将由不同粒径颗粒散射的光信号转换成电信号，并传输到计算机中，通过米氏散射理论对这些信号进行数学处理，就可以得到粒度分布了。

（3）筛分法：筛分法是一种最传统的粒度测试方法。它是使颗粒通过不同尺寸的筛孔来测试粒度的。筛分法分干筛和湿筛两种形式，可以用单个筛子来控制单一粒径颗粒的通过率，也可以用多个筛子叠加起来同时测量多个粒径颗粒的通过率，并计算出百分数。筛分法有手动筛、振动筛、负压筛、全自动筛等多种形式。颗粒能否通过筛子与颗粒的取向和筛分时间等因素有关，不同的行业有各自的筛分方法标准。

此外，还有电阻法、显微图像法等。

三、仪器（设备）与试剂

1.仪器（设备）：激光粒度仪，电脑，打印机，烧杯，药匙。

2.实验试剂：去离子水，待测样品如磷酸铁锂、锰酸锂、钴酸锂、镍钴铝三元等锂离子电池正极粉体材料。

四、实验步骤

1. 打开激光粒度仪主机预热 30 min，让激光器的能量稳定，再打开湿法进样器和电脑。

2. 按下湿法进样器控制面板上的"on/off"键，使水循环起来，搅拌速度调到 3000 r/min。

3. 在电脑桌面上双击 Mastersizer 2000 软件图标，进入软件界面。

4. 在"File"处点击打开，打开已有的文件或新建一个文件，确保测量记录存放在所需要的文件名下。

5. 单击"Measure"菜单中的"Manual"按钮，进入测量窗口。然后进入"Options"菜单，选择合适的光学参数，在"Material"处的"Sample material name"处选择好样品的物质名称。如果测量的是仪器配的标准样品，要求选择"Glass Beads"，在"Dispersant name"选择"Water"，"Models"选择"General purpose"；如果是测量标准样品要求选择"Single mode"，"Particle shape"选择"Irregular"，标准样品要求选择"Spherical"，"Measurement"处选择"Sample measurement"8 s，"Background measurement"10 s，在"Measurement cycles"选择"Number of measurement cycles"3 次，"Delay between measurement"选择 0 s，下面的"Average Result"选择创建。"Obscuration limits and alarm"之"Lower limit"选择 10%，"Upper limit"选择 20%；当颗粒小时，范围可改为 4%~6%。再进入"Documentation"菜单，输入样品名称，然后确定退出。

6. 点击"Align"，对好光后，如果激光强度达到 80% 以上，Background 状态正常（Detector Number 的信号基本成左边高右边低的态势就是比较正常的背景），就不需要换水了。如果换了几次水以后，背景还是不正常，就需要打开样品池窗口进行清洁样品窗口，擦拭镜片。

7. 单击"Start"按钮，系统开始测量背景，当背景测量完成并提示"Add Sample"后，开始加入样品。当"Laser Obscuration"到 10% 左右，等待样品分散 10 s，然后单击"Start"或"Measurement Sample"进行样品测量。每测量一次，结果会按照记录编号顺序自动存在文件里。

8. 测量结束后，抬起烧杯上方盖子到两个黑线中间，放出管路中的水，然后换新鲜的水清洗 2~3 次（以对光后背景正常为准）。

9. 依次关闭软件、电脑、激光粒度仪主机和进样器。

五、数据处理

1. 将测试数据转化成 PDF 文件，并用 A4 纸打印。

2. 分析测试数据，找出测试样品的 D50、D90 等数据，并评价样品的粒度分布。

六、思考题

1. 粉体材料的粒度测试有哪些常用方法？

2. 激光粒度分析的基本原理和特点是什么？

3. 如何描述测量结果的重复性？影响测量结果重复性的主要因素是什么？

七、注意事项

1. 待测样品需提供折射率与吸收率两个参数。

2. 测试过程中，烧杯中不能出现大气泡，否则会影响测试数据的准确性。

3. 连续两天以上不做实验时，需将激光粒度仪内部的镜片卸下来擦拭干净，以防污染。

4. 连续一周以上不做实验时，仪器需先通电 1~2 h 进行预热。

八、附图

采用激光粒度分析仪测定的镍钴铝三元正极材料的粒度分布曲线如图 3-18-1 所示。由图 3-18-1 可知，该材料颗粒粒度呈正态分布，D_{50} 为 14.567 μm，D_{10} 为 6.842 μm，D_{90} 为 27.878 μm。

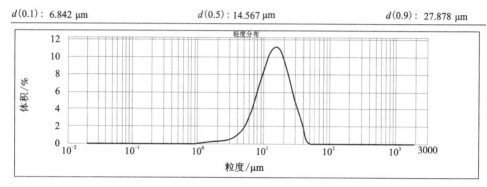

图 3-18-1　镍钴铝三元正极材料的粒度分布曲线

九、参考文献

［1］ Liu Q L, Liu W M, Li D X, et al. LiFe$_{1-x}$(Ni$_{0.98}$Co$_{0.01}$Mn$_{0.01}$)$_x$PO$_4$/C（x = 0.01, 0.03, 0.05, 0.07）as cathode materials for lithium-ion batteries[J]. Electrochimica Acta, 2015, 184：143-150.

［2］ 郑敏侠, 辛芳, 刘晓峰. Mastersizer 2000 型激光粒度仪技术参数对粒度分布的影响[J]. 中国粉体技术, 2013, 19(1)：76-80.

［3］ 程益军, 宋鹏. 激光粒度仪与透射电镜测试结果的比对[J]. 中国粉体技术, 2010, 16(4)：23-25.

［4］ 金其文, 陈锡炯, 李培, 等. 光散射法和筛分法测量煤粉粒度对比与转化研究[J]. 能源工程, 2022, 42(5)：16-21.

［5］ 刘万民. 锂离子电池 LiNi$_{0.8}$Co$_{0.15}$Al$_{0.05}$O$_2$ 正极材料的合成、改性及储存性能研究[D]. 长沙：中南大学, 2012.

第4章

电化学储能器件的制备实验

实验十九　锂离子电池正/负极浆料的制备

一、实验目的

1. 掌握锂离子电池正/负极浆料中原材料的配比。
2. 熟悉锂离子电池正/负极浆料制备的操作要领。
3. 了解锂离子电池正/负极浆料的性能要求。

二、实验原理

锂离子电池的生产制造，是由一个个制造工艺步骤紧密联系起来的过程。总体来说，锂电池的生产包括极片制造工艺、电池组装工艺和注液、化成等工艺。在这三个阶段的工序中，每道工序又可分为数道关键工艺，每一步工艺条件的控制都会对电池最后的性能形成很大的影响。

在极片制造工序阶段，又可分为浆料的制备、极片涂覆、极片辊压、极片分切、极片模切、极片干燥等工艺。其中电极浆料的制备是整个极片制造工序中最关键的一环，电极浆料质量的好坏直接影响着能否进行下一步。目前主要的制浆工艺包括行星搅拌（图4-19-1）、球磨、双螺杆制浆和超声波等。理想的电极浆料应具有优异的流变特性，后续才能稳定、均匀地涂覆在集流体表面，同时保证固体颗粒分散均匀与稳定，不自发产生沉降与团聚，能形成互相连通的电极微结构。当浆料混合不充分时，活性物质和导电剂颗粒发生团聚，与黏结剂形成较大的球状物，无法实现稳定连接，没有良好的离子通道与导电网络，严重降低电极电化学性能。

锂离子电池浆料主要有水性与油性两大体系，即采用水或有机物作为溶剂。目前锂离子电池正极浆料主要采用油性体系，使用的有机物溶剂为N-甲基吡咯烷酮（N-methylpyrrolidone，NMP），聚偏二氟乙烯（poly（vinylidene fluoride），PVDF）和导电碳黑分别作为黏结剂和导电剂，形成稳定的黏结与导电网络，保证电极结构的机械稳定性和导电性。锂离子电池负极浆料主要采用水性体系，使用的溶剂为去离子水，丁苯橡胶（SBR）作为黏结剂，羧甲基纤维素

图 4-19-1　锂离子电池搅拌罐

钠(CMC)作为分散剂，导电碳黑作为导电剂，形成稳定的黏结与导电网络，保证电极结构的机械稳定性和导电性。

　　锂电池浆料应具有良好的分散均匀性和沉降稳定性，要求浆料中的电极活性材料、导电剂和黏结剂分散均匀，且在存储或使用过程中保持性质基本不变。评价浆料性质的参数主要有黏度、固含量、细度等。

　　黏度是流体内部阻碍其流动的程度，是体现浆料稳定性和流动性的重要参数之一。锂离子电池浆料是一种剪切变稀的非牛顿流体，即剪切速率变大，黏度减小。低剪切下的浆料黏度是衡量固态颗粒沉降行为的指标，高剪切下的黏度是浆料加工性的量度。在低剪切下，浆料中黏度高的比较好，这是因为固体颗粒没有明显沉降。在高剪切下，浆料的黏度是检验浆料是否符合涂布要求的一个重要参数。黏度低意味着浆料混合得很均匀。但黏度过低会造成干燥困难、涂布效率低，还会发生颗粒团聚、涂层龟裂等问题。黏度过高则影响浆料的流动性能，不利于流平、影响涂布面密度的一致性。因此在浆料制作过程中黏度是非常重要的控制参数。黏度的定义公式(牛顿公式)如下：

$$黏度 = 剪切应力 / 剪切速率$$

剪切应力是指流体在剪切流动中单位面积切线上受到的力。

　　搅拌速度、搅拌时间、合浆工序、环境温/湿度和固含量等均可影响浆料黏度。在浆料实际制备时，主要通过控制溶剂的用量，即调节固含量来调节浆料最终的黏度，使之符合浆料黏度的技术要求。测试浆料黏度可以采用黏度计和旋转流变仪(图 4-19-2)。

　　浆料的固含量是指活性物质、导电剂、黏结剂等固体物质占整个浆料质量的百分比。一般情况下的固含量在 40%～70% 区间内。固含量测试方法主要为烘干法。利用水分测试仪可快速且相对准确地测量浆料的固含量，水分测试仪采用加热失重的原理，通过卤素灯将样品均匀加热使样品中的溶剂蒸发，通过加热前后的质量变化计算固含量，也可以通过烘箱烘干浆料来计算其固含量。

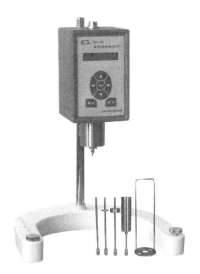

图 4-19-2　旋转黏度计

三、仪器(设备)与试剂

1.仪器(设备)：搅拌罐，电子天平，量筒，烧杯，药匙，循环水式真空泵，真空干燥箱，黏度计，滤网。

2.实验试剂：钴酸锂(LCO)，PVDF，导电炭黑，NMP，石墨，SBR，CMC，去离子水。

四、实验步骤

1.锂离子电池正极浆料制备

(1)配置质量分数为 5% 的 PVDF 溶液，溶剂为 NMP。

(2)按质量比 90:5:5 称取 LCO，导电炭黑和 PVDF(5% 的溶液)，将所有物料加入搅拌罐内，并添加 NMP 溶剂，添加到理论固含量达到 50%。

(3)以公转 30~35 r/min、自转 1200~1400 r/min(小搅拌罐设置转速 300~600 r/min)，高速搅拌 120~180 min；

(4)搅拌结束后，采用 150 或 200 目的滤网过滤得到正极浆料。

2.锂离子电池负极浆料制备

(1)按质量比 91:3:3:3 称取石墨、导电炭黑、SBR 和 CMC，将所有物料加入搅拌罐内，并添加去离子水，添加到理论固含量达到 40%。

(2)以公转 30~35 r/min、自转 1200~1400 r/min(小搅拌罐设置转速 300~600 r/min)，高速搅拌 120~180 min。

(3)搅拌结束后，采用 150 或 200 目的滤网过滤得到负极浆料。

五、数据处理

1.测试锂离子电池正极浆料的黏度。

2.测试锂离子电池负极浆料的黏度。

3. 测试锂离子电池正极浆料的固含量。

4. 测试锂离子电池负极浆料的固含量。

六、思考题

1. 制备锂离子电池正极浆料时，加入 PVDF 的作用？

2. 制备锂离子电池负极浆料时，加入丁苯橡胶和 CMC 的作用分别是什么？

3. 测试锂离子电池正/负极浆料黏度的原因？

七、注意事项

1. 实验过程中产生的废水禁止倒入水池中，必须倒入废液桶中。

2. 制备锂离子电池正极浆料时保持实验设备和环境的干燥。

3. 配置正极浆料前，需要对所有的物料进行烘干。

八、附图

不考虑搅拌设备的影响，现有的搅拌工艺主要分为 4 种：干混常规搅拌工艺、干混捏合搅拌工艺、制胶常规搅拌工艺、制胶捏合搅拌工艺。对比分析，制胶捏合工艺与干混捏合工艺浆料黏度反弹（图 4-19-3）与不稳定性指数（TSI）（图 4-19-4）相对常规搅拌工艺较好。说明不同的制浆工艺对浆料的稳定性有影响，在生产时要针对不同工艺进行评估，综合考虑选择适合的搅拌工艺。

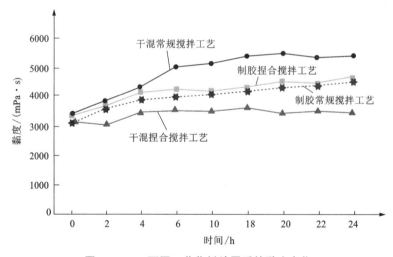

图 4-19-3 不同工艺浆料放置后的黏度变化

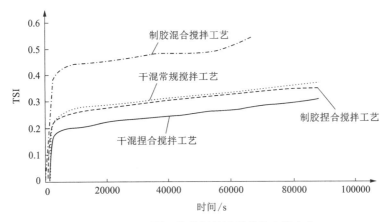

图 4-19-4　不同工艺浆料放置后的稳定性变化

九、参考文献

[1] 孙晓辉, 曾红燕, 李景康. 浅谈锂离子电池正极浆料的制备方法及其特性[J]. 浙江化工, 2022, 53 (3): 12-16.

[2] 王海波, 曹勇, 王义飞, 等. 导电剂对锂电池合浆工艺及性能的影响[J]. 电源技术, 2021, 45(11): 1517-1519.

[3] 王志龙, 刘晓栋, 赵桐, 等. 锂离子电池阴极浆料内导电粒子动态分布的可视化[J]. 化工进展, 2021, 40(12): 6505-6515.

[4] 欧阳丽霞, 武兆辉, 王建涛. 锂离子电池浆料的制备技术及其影响因素[J]. 材料工程, 2021, 49(7): 21-34.

[5] 郭勃, 杨雪莹, 郑海山, 等. 锂电池电极浆料评价方法[J]. 电源技术, 2020, 44(10): 1544-1548.

[6] 李茂源, 张云, 汪正堂, 等. 锂离子电池极片制造中的微结构演化[J]. 科学通报, 2022, 67(11): 1088-1102.

[7] 杨时峰, 薛孟尧, 曹新龙, 等. 锂离子电池浆料合浆工艺研究综述[J]. 电源技术, 2020, 44(2): 291-294.

[8] 刘琴. 动力锂离子电池浆料制备工艺及设备研究[D]. 天津: 河北工业大学, 2017.

[9] 张兆刚. 锂离子电池浆料的研究[J]. 电源技术, 2015, 39(1): 47-48.

[10] 刘范芬, 伍山松, 黄斯, 等. 锂离子电池负极匀浆工艺研究[J]. 广东化工, 2020, 47(1): 39-40.

[11] 赵燕超. 纳米级磷酸铁锂体系锂离子电池正极浆料的合浆工艺: CN108155341A[P]. 2018-06-12.

实验二十　锂离子电池正/负极极片的制备

一、实验目的

1. 熟悉锂离子电池正极极片制备的操作要领。

2. 熟悉锂离子电池负极极片制备的操作要领。

3. 了解锂离子电池正/负极极片的性能要求。

二、实验原理

锂离子电池极片的制备一般是指将搅拌均匀的浆料均匀地涂覆在集流体上，并将浆料中的溶剂(有机溶剂/水)进行烘干、轧制、模切的一种工艺，其工艺过程主要包括涂布、辊压、分切和模切等。

涂布的效果对电池容量、内阻、循环寿命以及安全性有重要影响，须保证极片均匀涂布。涂布方式的选择和控制参数对锂离子电池的性能有重要影响。工业上涂布的主要影响因素有：(1)涂布干燥温度控制；干燥温度过低，不能保证极片完全干燥，温度过高，则可能因为极片内部的溶剂蒸发快，极片表面出现龟裂、脱落等现象；(2)涂布面密度；若涂布面密度太小，则影响电池容量，若涂布面密度太大，则容易造成配料浪费，此外正极容量过量可能导致锂的析出形成锂枝晶刺穿电池隔膜发生短路，引发安全隐患；(3)涂布尺寸大小；涂布尺寸过小或者过大可能导致电池内部正极不能完全被负极包住，严重的时候，在电池内部会形成锂枝晶，容易刺穿隔膜导致电池内部电路；(4)涂布厚度；涂布厚度太薄或者太厚会对后续的极片轧制工艺产生影响，不能保证电池极片的性能一致性。涂布的方法主要有三大类：刮刀式、辊涂转移式和狭缝挤压式，一般实验室设备往往采用刮刀式，目前工业生产以狭缝挤压式为主，图4-20-1所示为锂离子电池极片涂布设备。

极片干燥后再经历压实工艺，极片被辊压压实，涂层密度增大，对极片孔洞结构的改变巨大，而且也会影响导电剂的分布状态，从而影响电池的电化学性能。一方面，压实极片改善电极中颗粒之间的接触，以及电极涂层和集流体之间的接触面积，降低不可逆容量损失、接触内阻和交流阻抗。另一方面，压实太高，孔隙率损失，孔隙的迂曲度增加，颗粒发生取向，或活物质颗粒表面黏合剂被挤压，限制锂盐的扩散和离子嵌入/脱嵌，锂离子扩散阻力增加，电池倍率性能下降。图4-20-2所示为锂离子电池极片辊压设备。

锂离子电池极片经过浆料涂敷，干燥和辊压之后，形成集流体及两面涂层的三层复合结构。然后根据电池设计结构和规格，我们需要再对极片进行裁切。一般地，对卷绕电池，极片根据设计宽度进行分条；对叠片电池，极片相应裁切成片。目前，锂离子电池极片裁切工艺主要采用圆盘剪分切、模具冲切和激光切割三种。图4-20-3所示为锂离子电池极片自动分条设备。

图4-20-1　锂离子电池极片涂布设备

图 4-20-2　锂离子电池极片辊压设备

图 4-20-3　锂离子电池极片自动分条设备

三、仪器(设备)与试剂

1.仪器(设备)：刮刀，电子天平，真空干燥箱，压片机，千分尺，刀片，切片机，直尺。
2.实验试剂：钴酸锂浆料，铝箔，无水乙醇，石墨浆料，铜箔，去离子水。

四、实验步骤

1.锂离子电池正极极片的制备
(1)用酒精和脱脂棉清洁铝箔和刮刀，铝箔需要平整，要尽可能地减少褶皱；
(2)根据设计的面密度调整好刮刀间隙高度，用样品勺取适量正极浆料置于铝箔一侧，使用刮刀把浆料均匀刮涂在铝箔上。

（3）把涂布好的极片置于真空干燥箱内，调解干燥温度120 ℃，干燥时间10 h。

（4）待烘箱冷却后，取出干燥好的极片，在压片机上进行辊压（可通过辊压压力和间隙宽度控制极片的压实密度）。

（5）采用切片机将极片切成我们所需要的尺寸（用于卷绕软包电池的极片用刀片进行分条）。

2.锂离子电池负极极片的制备

（1）用酒精和脱脂棉清洁铜箔和刮刀，铜箔需要平整，要尽可能地减少褶皱；

（2）根据设计的面密度调整好刮刀间隙高度，用样品勺取适量负极浆料置于铝箔一侧，使用刮刀把浆料均匀刮涂在铜箔上。

（3）把涂布好的极片置于真空干燥箱内，调解干燥温度100 ℃，干燥时间10 h。

（4）待烘箱冷却后，取出干燥好的极片，在压片机上进行辊压（可通过辊压压力和间隙宽度控制极片的压实密度）。

（5）采用切片机将极片切成我们所需要的尺寸（用于卷绕软包电池的极片用刀片进行分条）。

五、数据处理

1.测试锂离子电池正极极片的厚度分布。

2.测试锂离子电池负极极片的厚度分布。

3.测试锂离子电池正极极片的面密度和压实密度。

4.测试锂离子电池负极极片的面密度和压实密度。

六、思考题

1.制备锂离子电池正极极片时，为何采用铝箔作为集流体？

2.制备锂离子电池负极极片时，为何采用铜箔作为集流体？

3.锂离子电池正/负极极片垂直于涂布方向的厚度分布不均匀的原因？

七、注意事项

1.实验过程中产生的废水禁止倒入水池中，必须倒入废液桶中。

2.制备锂离子电池正极极片时保持实验设备和环境的干燥。

3.烘干锂离子电池正/负极极片，注意防止烫伤。

八、附图（表）

表4-20-1为正极浆料在不同温度烘干后的电阻率数据结果。其中，150 ℃下电阻率的平均值为26.86 Ω·cm，从最大百分比变化和径向不均匀度的数值来看，涂层内部导电网络分布相对比较均匀，导电性较好。

表 4-20-1　正极浆料在不同温度烘干后的电阻率

温度/℃	电阻率平均值/(Ω·cm)	最大百分比变化率/%	径向不均匀度/%
90	25.88	12.76	11.99
120	27.33	16.33	15.10
130	26.25	32.73	28.13
140	25.74	27.04	23.82
150	26.86	16.94	15.62
170	23.13	53.23	42.04

将正极浆料涂布后的极片进行烘干，测其剥离强度，结果见图 4-20-4 所示。可以看出不同温度下其剥离强度存在显著差别。正极浆料的剥离强度随温度的升高呈明显的"S"形分布，120 ℃时为波谷，150 ℃时为波峰，这充分说明了在 120 ℃时涂层中黏结剂的迁移相对于其黏结性的发挥占主导地位。而在 150 ℃时其结晶性最佳，黏结性发挥最好，由其产生的黏结力占主导地位。

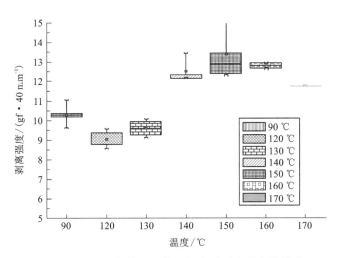

图 4-20-4　正极的不同烘干温度对剥离强度的影响

九、参考文献

[1] 杨时峰，胥鑫，曹新龙，等. 锂离子电池极片涂布和干燥缺陷研究综述[J]. 电源技术，2020，44(8)：1223-1226.

[2] 汪审望. 动力锂电池涂布烘干系统关键技术研究[D]. 南京：东南大学，2014.

[3] 韩良，彭锐，刘平文，等. 动力锂电池基带挤压式涂布系统：CN108816645A[P]. 2018-11-16.

[4] 田清泉，王静怡，武利娜，等. 锂电池极片涂布热风干燥技术研究进展[J]. 当代化工，2022，51(9)：2177-2182.

[5] 张红梅，卢亚，明五一，等. 高速、高精智能化锂电池涂布机关键技术研究[J]. 机电工程技术，2018，47(7)：10-13.

[6] 刘平文，韩良. 动力锂电池极片挤压式涂布系统设计与实验研究[J]. 机械工程师，2018(9)：42-44.

[7] 周华民，周军，杨志明. 锂离子电池极片连续成套自动生产线的涂布辊压系统：CN205944233U[P]. 2017-02-08.

[8] 周华民，谭鹏辉，张云，等. 一种用于锂离子电池极片的涂布干燥方法和装置：CN110335989B[P]. 2020-09-18.

[9] 罗雨，王耀玲，李丽华，等. 锂电池制片工艺对电池一致性的影响[J]. 电源技术，2013，37(10)：1757-1759.

[10] 刘斌斌，杜晓钟，闫时建，等. 制片工艺对动力锂离子电池性能的影响[J]. 电源技术，2018，42(6)：788-791，894.

[11] 高蕾，孟玉凤，颜琪斌，等. 铜箔对动力锂离子电池性能的影响[J]. 储能科学与技术，2020，9(S1)：1-6.

[12] 高蕾，程广玉，顾洪汇，等. 碳负极黏结剂对于动力锂离子电池性能的影响[J]. 储能科学与技术，2019，8(1)：123-129.

实验二十一　扣式锂离子电池的组装实验

一、实验目的

1. 掌握扣式锂离子电池组装的操作要领。

2. 了解扣式锂离子电池各部件的作用。

3. 了解扣式锂离子电池的性能要求。

二、实验原理

扣式电池，也称手表电池或钱币型电池，是电池的形状分类之一，指形状如钮扣、按钮、硬币、豆粒等的小型电池。大多数钮扣型电池都是一次电池，它也是属于干电池，但与一般圆筒状大而长的一号、二号、三号、四号等常用干电池在外型上有明显的不同。钮扣型电池的电源容量与可供应的功率都比一般干电池小，主要用于不便接用外部电源的小型携带式装置之中，例如计算机、手表、电子体温计等。此外，也用于各种电脑类装置内的备份电池，以便在未接电时仍可保持内部的时钟与记忆内容，例如保持 BIOS 记忆与时钟的电池。

纽扣电池也分为化学电池和物理电池两大类，其化学电池应用最为普遍。它们由阳极（正极）剂、阴极（负极）剂及其电触液等组成。它的外表为不锈钢材料，并作为正极，其负极为不锈钢的圆形盖，正极与负极间有密封环绝缘，密封环用尼龙制成，密封环除起绝缘作用外，还能阻止电解液泄漏。纽扣电池的种类很多，多数以所用材料命名，如氧化银纽扣电池、锌锰纽扣电池、锂锰纽扣电池及锂离子纽扣电池等。

氧化银电池系列适应工作电压高、放电平稳的使用要求，特别适用于较小电流长时间连续使用的用电器具。其稳定的放电特性，能长时间提供稳妥可靠的电力。氧化银纽扣电池是最常用的手表电池，绝大多数的电子手表使用的都是氧化银纽扣电池。新电池的电压一般为 1.5~1.58 V。

锌锰电池便于携带，使用方便，品种齐全，工艺稳定，原料丰富，价格低廉，因而长期保持化学电源产品的主要地位并能持续发展。但是它的比能量低，工作电压稳定性差，尤其在大电流密度放电时更为明显。锌锰电池用途十分广泛常用于电脑主板、遥控器、计算器、电子手表、礼品(如音乐卡等)等。

锂锰扣式电池广泛地适用于计算机主机板、移动通信、C-MOS、S-RAM 及电子记忆系统。

锂离子纽扣电池产品广泛应用于：电子玩具、蓝牙无线产品、PDA、电子匙、IC 卡机、电子称，迷你收音机、万年历、仪表、计算器、电脑主机板、玩具及小型电子设备和民用的控制电源等。

任何一种新的电池材料的开发通常经过实验室研发、小试、中试以及规模放大和商业化应用五个阶段。其中实验室研发阶段是对材料性能测试、验证以及价值判断的必要阶段。因为实验室的测量数据除了具有重要的科研价值外，还有助于在早期开发阶段判断某些材料及电池体系是否具有实际应用价值及商业开发价值。实验室扣式电池除了用于对现有材料的性能进行检测之外，还用于对新材料、新工艺产品进行初步的电化学性能测试与评价，正确的组装扣式电池对该材料的开发与制备、全电池设计与应用有着重要意义。

1.负极盖；2.负极丝网；3.负极片；4.电池隔膜；
5.密封胶圈；6.正极片；7.正极丝网；8.正极字壳

图 4-21-1　扣式电池的结构

图 4-21-2　扣式电池极片切片机图

图 4-21-3　扣式电池封装机

三、仪器(设备)与试剂

1.仪器(设备):手套箱,扣式电池封口机,电子天平,真空干燥箱,千分尺,滴管,正极壳,负极壳,隔膜,垫片,弹片(泡沫镍),绝缘镊子。

2.实验试剂:(正/负)极片,电解液,氩气。

四、实验步骤

(1)将实验用的全部材料置于手套箱内。

(2)将负极壳平放于绝缘台面,将金属锂片置于负极壳中心,用滴管(移液枪)取适量电解液滴在锂片上。

(3)将隔膜平放于锂片上层,用滴管取适量电解液滴加入隔膜表面。

(4)用绝缘镊子将测试的正/负极极片、垫片、弹簧片和正极壳依次置于隔膜上层,其中测试极片的活性材料一侧需贴近隔膜。

(5)用绝缘镊子将扣式电池负极侧朝上置于扣式电池封口机模具上,可用纸巾垫于电池上方以吸收溢出的电解液,调整压力(一般为500 Pa)压制3 s完成组装制备扣式电池,用绝缘镊子取出,观察制备外观是否完整并用纸巾擦拭干净。

五、数据处理

1.测试锂离子扣式电池的开路电压。

2.计算正/负极材料的克理论容量。

3.计算锂离子扣式电池理论容量。

六、思考题

1.制备正极材料和负极材料扣式电池时,其极片叠放次序为何是相同的?

2.制备好的扣式电池开路电压为0 V的原因是什么?

3.电解液的主要成分是什么?

七、注意事项

1.实验过程中产生的废水禁止倒入水池中,必须倒入废液桶中。

2.制备锂离子电池扣式电池必须在手套箱内进行操作。

3.损坏的金属锂片不能带出手套箱,如已经带出,尽快销毁,以免造成火灾。

八、附图(表)

图4-21-4~图4-21-6是采用扣式电池测试的正极钴酸锂材料的电化学性能数据。图4-21-4是对不同AZO包覆(质量分数0.5%、1 %、2%、4%)的钴酸锂材料与原始钴酸锂材料的电池,采用0.1 C(20 mA/g)电流密度充放电测试,测试电压范围2.75~4.5 V,得到的充放电曲线和对应微分容量曲线。原始钴酸锂材料的首次放电比容量为192.8 mA·h/g,AZO包覆后钴酸锂材料的首次放电比容量分别为186.1 mA·h/g(0.5%)、185.6 mA·h/g(1%)、181.8 mA·h/g(2%)与183.6 mA·h/g(4%)。图4-21-5为未包覆钴酸锂材料和不同AZO包

覆量的钴酸锂材料的循环前的交流阻抗谱图，其中，电化学交流阻抗谱图是在 4.2 V 的开路电位下测试的，测试的频率范围为 100 kHz~10 MHz，测试的电压振幅为 10 mV。图 4-21-6 为室温下不同 AZO 包覆量的钴酸锂材料及未包覆材料的倍率性能测试曲线。倍率性能测试的电压范围：2.75~4.5 V，电流分别为 0.1 C（20 mA/g），0.5 C（100 mA/g），1 C（200 mA/g），2 C（400 mA/g），4 C（800 mA/g），8 C（1600 mA/g）和 0.1 C（20 mA/g）。各电流下材料的平均放电容量如表 4-21-1 所示。

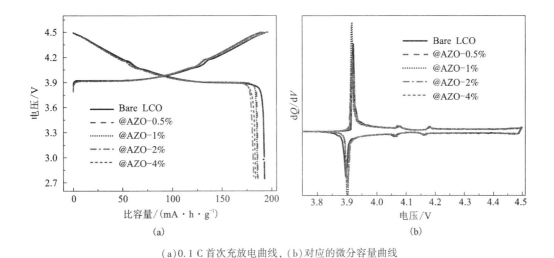

（a）0.1 C 首次充放电曲线，（b）对应的微分容量曲线

图 4-21-4　不同 AZO 包覆量和未包覆 LCO 的充放电曲线和微分容量曲线

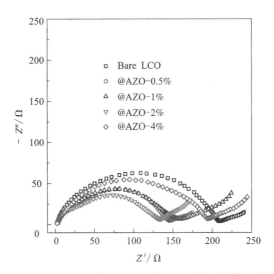

图 4-21-5　不同 AZO 包覆量和未包覆 LCO 循环前的交流阻抗谱图

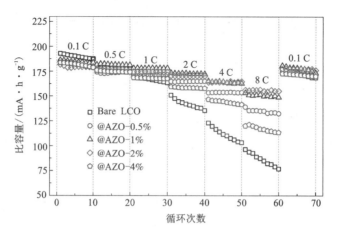

图 4-21-6 不同 AZO 包覆量和未包覆 LCO 的倍率性能

表 4-21-1 不同 AZO 包覆量和未包覆钴酸锂不同倍率下的平均放电比容量(mA·h/g)

倍率	Bare LCO	@ AZO-0.5%	@ AZO-1%	@ AZO-2%	@ AZO-4%
0.1 C	189.9	182.4	184.4	179.6	181.6
0.5 C	178.2	173.7	181.6	176.8	174.7
1 C	166.6	170.7	178.1	174.3	167.9
2 C	142.0	164.8	172.7	170.3	158.4
4 C	111.6	153.7	163.9	164.3	144.0
8 C	86.3	134.7	150.6	155.5	117.0
0.1 C	172.2	172.8	177.6	177.2	171.4

九、参考文献

[1] 赵挺, 张向军, 卢世刚. 扣式电池壳体对锂离子电池材料性能测试的影响[J]. 电池, 2013, 43(1): 25-28.

[2] 赖信华, 王会锋, 高峰, 等. 一种采用扣式电池评价循环后锂离子电池电极材料的方法: CN110927593A[P]. 2020-03-27.

[3] 李海, 杨应昌, 黄伟. 扣式锂离子电池: CN210837810U[P]. 2019-09-30.

[4] 周晓玲, 刘森. 扣式锂离子电池及其壳体及扣式叠片锂离子电池: CN109148742A[P]. 2019-01-04.

[5] 林熙. 常用钮扣式电池的种类和应用[J]. 电子制作, 2007(1): 38-39.

[6] 周学酬. 扣式锂离子电池的制备及性能测试综合实验设计[J]. 实验室科学, 2013, 16(6): 14-16.

[7] 林荣铨. 石墨烯/氧化锌包覆实心碳球锂离子负极电极片及其扣式锂离子电池制备方法: CN107959016A[P]. 2018-04-24.

[8] 钟千里, 张文桂. 一种软包扣式锂离子电池用电芯组件及扣式电池: CN111261926A[P]. 2020-06-09.

[9] 盛英卓, 苏庆, 张振兴. 锂离子纽扣电池的组装及性能测试实验设计[J]. 高校实验室工作研究, 2018(3): 42-45.

[10] 孙伟兵, 马卫, 张天赐, 等. 一种锂离子纽扣电池及其制备工艺: CN110380123A[P]. 2019-10-25.

实验二十二　软包锂离子电池的组装实验

一、实验目的

1.掌握软包锂离子电池组装的操作要领。

2.了解软包锂离子电池组装过程中的工艺要求。

3.了解软包锂离子电池的性能要求。

二、实验原理

锂离子电池按照其产品外观可以分为三大类：圆柱电池、方形电池和软包电池。圆柱电池，顾名思义即和我们常见的五号电池相似的圆柱型电池，是发展时间最长，技术最成熟的一种锂离子电池。前期笔记本电脑用到的 18650 电池为典型的圆柱电池。这种电池的优点是技术成熟、成本较低、稳定耐用、单体能量密度高、单体一致性好；缺点是能量密度的上升空间小、大量组合对电池管理系统（BMS）要求高。方形电池是由方形铝合金外壳或者钢壳加固包裹的电池。是目前电动汽车应用最多的一种电池。其优点是强度高、内阻小、寿命长、成组空间利用率高；缺点是生产工艺难统一、散热难度高等。软包电池样由铝塑复合膜作为封装材料的软质电池。软包电池虽然在汽车市场上应用的并不多，但我们对它并不陌生。我们的手机基本上采用的都是软包电池，但是在 3C 数码上，我们统称不叫软包电池，叫作聚合物电池。其优点是能量密度极高、质量小，缺点是需要额外防护防止电池受损和热失控。

软包电池采用铝塑包装膜（简称铝塑膜）进行封装，其构成见图 4-22-1，其截面上来看

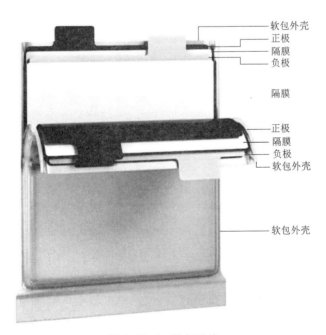

图 4-22-1　软包结构

由尼龙层、Al(铝)层与PP层构成。三层作用不同：尼龙层保证了铝塑膜的外形，保证在制造成锂离子电池之前，膜不会发生变形；Al层就是一层金属Al，其作用是防止水的渗入以及在铝塑膜成型时提供冲坑的塑性；PP是聚丙烯的缩写，这种材料的特性是在一百多度的温度下会发生熔化，并且具有黏性。所以电池的热封装主要靠的就是PP层在封头加热的作用下熔化黏合在一起，然后封头撤去，降温就固化黏结了。

锂离子电池生产过程较为复杂，主要包括匀浆、涂布、碾压、冲片、叠片、封装、注液、化成几个工序。

匀浆：即指锂离子正负极片上的所涂浆料的制备过程，浆料的制备需要将正、负极物料、导电剂及黏结剂进行混合，所制备的浆料需要均一、稳定。匀浆结束后需要对浆料进行固含量、黏度、细度等测试，以确保浆料性能的满足要求。

涂布：制备好的正、负极浆料需涂覆在铝箔或者铜箔上并烘干，这个过程即为涂布。涂布工艺是锂离子电池制造的核心工序，在很大程度上决定着锂离子电池的性能。涂布后的极卷要求表面平整，色泽均一，无露箔、颗粒、划痕、褶皱等。

碾压：涂布后的极片还需经过碾压，碾压是通过轧辊与极片之间产生的摩擦力将极片拉进旋转的轧辊之间，电池极片受压变形，并致密化。其目的在于增加正极或负极材料的压实密度。合适的压实密度可以增大电池的放电容量，减小内阻，减小极化损失，延长电池循环寿命，提高锂离子电池的利用率。

分切、冲片：由于产能及效率要求，生产中的极卷都相对较大，碾压后的极卷还需切至所需极片尺寸，这个过程就是分切和冲片的过程。

叠片：分切后的极片需要按照负极、隔膜、正极、隔膜、负极、隔膜、正极……正极、隔膜、负极的顺序进行堆叠，这个过程称为叠片(图4-22-2)，堆叠之后的极片称为电芯。

图4-22-2　软包电池叠片机

封装：堆叠好的电芯还需经过极耳焊接，将焊接好的电芯放置于冲坑后的铝塑膜中并进行顶、侧封等工序，即为封装。

注液：即向封装后的电芯中注入电解液的过程(图4-22-3)。电解液的作用是为电池中离子的传输提供载体。在电解液中加入特定的添加剂，可以提高锂离子电池在安全或高低温等方面的性能。

　　化成：注液后的电池还需在小电流下进行充电，相当于对锂离子电池的激活过程（图 4-22-4）。首次充电过程中负极的表面会形成 SEI 膜。SEI 膜的性能直接决定了锂离子电池的倍率、自放电性能，因此化成工艺直接决定了电池的质量。为了保证电池性能的一致性，锂离子电池还需进行分容、内阻、自放电等测试，把不同性能的电池进行分组。

图 4-22-3　软包电池注液工序

图 4-22-4　软包电池化成及分容设备

三、仪器(设备)与试剂

　　1.仪器(设备)：叠片机，点焊机，万用表，真空烘箱，刀片，手套箱，封装机，注液设备，化成设备，分容设备。

　　2.实验试剂：锂离子电池正极极片，锂离子电池负极极片，隔膜，电解液，极耳，铝塑膜。

四、实验步骤

(1)叠片：分切后的极片按照负极、隔膜、正极、隔膜、负极、隔膜、正极……正极、隔膜、负极的顺序进行堆叠，叠好的电芯有胶带固定好。

(2)极耳焊接：利用点焊机将所有极片上预留极耳焊接到一起，并与正负极极耳进行转接焊，焊接处需贴胶带防止误触短路。

(3)铝塑膜冲坑：利用成型模具将铝塑膜冲成所需的形状，并预留气袋位置。

(4)顶侧封：将焊接好的电芯放置于冲坑后的铝塑膜中并进行顶封和侧封等工序。

(5)烘烤电芯：将顶侧封后的电芯置于真空烘箱中进行烘烤，使电池内部水分控制在 120 ppm 以内。

(6)注液：烘烤后的电芯在手套箱内进行注液，注液完成后对电芯进行预封装，并移入烘箱进行高温静置(60 ℃，12 h)。

(7)化成：将电芯安装到化成设备上进行化成，化成后的电芯移除气袋并进行封装。

(8)分容：将电芯安装到分容设备进行容量测试。

五、数据处理

1.测试软包锂离子电池化成曲线。
2.测试单位面积上正/负极极片的理论容量。
3.测试软包锂离子电池裸电芯内阻。
4.测试软包锂离子电池开路电压。

六、思考题

1.单位面积上正极极片容量高于负极极片容量会导致什么现象？
2.隔膜宽度小于正负极极片宽度会导致什么现象？
3.注液后软包电池正负极之间的电压约为多少？
4.注液前电芯未完全烘干导致电池在化成过程中鼓包的原因是什么？

七、注意事项

1.实验过程中产生的废水禁止倒入水池中，必须倒入废液桶中。
2.实验过程中注意设备安全，防夹、防压、防高温等。
3.注液过程必须在手套箱内进行。

八、附图

表4-22-1是不同组实验磷酸铁锂电池首效及正极材料比容量，由表4-22-1可见，随化成充电 SOC 的提高，电池首次库仑效率(首效)及单位质量正极材料发挥的容量(克容量发挥)均呈线性下降趋势，这主要是由于小电流化成过程中，SEI 膜在负极石墨表面均匀稳定地生长，这一过程中充入的电量越高，形成 SEI 膜所消耗的锂离子越多，导致电池首效降低，同时造成电池正极材料比容量下降，即电池容量降低。在工业生产中为了达到电池标称容量，需消耗更多正极活性材料，从而提高了电池成本。图 4-22-5 是磷酸铁锂软包电池的化成曲

线，由图可知，化成的过程包括小电流充电，恒流充电和恒压充电几个过程。图 4-22-6 是磷酸铁锂电池在 1 C 电流下不同温度的放电曲线。

表 4-22-1　不同组实验电池首效及正极材料比容量

实验组编号	化成充电 SOC/%	电池首效/%	正极材料比容量/(mA·h·g^{-1})
A	10	86.6	141.0
B	40	85.8	140.6
C	70	85.3	138.7
D	100	83.8	136.8

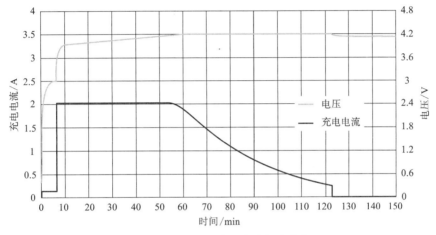

图 4-22-5　磷酸铁锂电池化成曲线

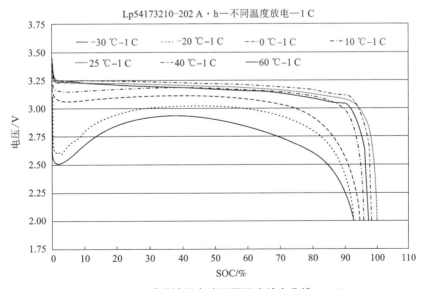

图 4-22-6　磷酸铁锂电池不同温度放电曲线(1 C)

九、参考文献

［1］郭玉彬，张娜，高飞，等. 化成中使用辊压工艺对软包电池性能的影响［J］. 电源技术，2016，40（10）：1924-1925.

［2］徐雅慧，陈思琦，黄冉军，等. 软包电池在纯电动汽车中应用的机遇与挑战［J］. 电源技术，2022，46（6）：585-590.

［3］张诗怡，陈龙，林志炜，等. 高电压钴酸锂软包电池热失控行为研究［J］. 电池工业，2021，25（3）：115-118.

［4］徐志强，闫照锋，郑治华，等. 软包电池最优封装位置研究［J］. 电源世界，2017，20（8）：43-45.

［5］许晓雄，周伟，魏引利. 一种软包电池铝塑膜封装效果的检测方法：CN112557294A［P］. 2021-03-26.

［6］刘智，马天翼，汪晨阳，等. 3Ah 高镍/硅氧碳软包电池循环容量衰减分析［J］. 材料工程，2022，50（10）：93-101.

［7］张军，韩旭，胡春姣，等. 软包锂离子电池模块结构压力的优化［J］. 汽车工程，2016，38（6）：669-673.

［8］关玉明，赵越，崔佳，等. 软包锂电池电芯封装铝塑膜外壳拉深工艺［J］. 中国机械工程，2019，30（8）：988-993.

［9］章结兵，石亚丽，韩梓涛. 软包锂离子电池封装铝塑膜材料保护机理分析及其测试方法［J］. 塑料工业，2018，46（11）：5-8.

［10］杨符屹，吕思奇，李娜，等. 不同封装条件下锂离子电池内部氢气泄漏行为的研究［J］. 稀有金属，2022，46（6）：813-820.

［11］任宁，孙延先，吴耀辉，等. 软包装锂离子电池铝塑膜的腐蚀行为［J］. 有色金属工程，2015，5（5）：29-32.

［12］胡传跃，李新海，王志兴，等. 软包装锂离子电池有机电解液的电化学行为［J］. 应用化学，2005，22（2）：158-163.

［13］薛建军，唐致远，荣强. 软包装锂离子电池性能研究［J］. 天津大学学报，2004，37（7）：655-658.

第5章

电化学储能材料/器件的电化学性能表征实验

实验二十三　锂离子电池的充放电性能测试

一、实验目的

1. 掌握锂离子电池充放电性能测试的操作要领。
2. 熟悉锂离子电池充放电性能测试的工序设置。
3. 掌握锂离子电池充放电性能数据处理。

二、实验原理

全方位地测试评价锂离子电池的能力，提供安全可靠的锂离子电池在新能源汽车和消费类电子产品的开发过程中显得尤为重要，因此对于锂离子电池测试方法的规范化和全面化提出了更高的要求。充放电测试作为最为直接和普遍的测试分析方法，可以对材料的容量、库仑效率、过电位、倍率特性、循环特性、高低温特性、电压曲线特征等多种特性进行测试。

充放电测试设备，需要能够在充放电过程中，实时监测电池单体、模块和电池包的相关参数，这些参数包括如下内容。

容量：电池从满电状态放电至放电截止条件，总共放出来的电量，单位 $A \cdot h$。容量受到放电电流、环境温度等的影响比较大。因此，提起容量，必得说什么温度和什么放电电流下的容量。

荷电状态(SOC)：电池当前电量与总体可用容量的比值，用百分数表示。

放电深度(DOD)：电池从满电开始截止到当前，已经放出的电量与总体可用容量的比值，也用百分号表示，与 SOC 的关系是 $DOD = 1 - SOC$。

开路电压(VOC)：断开外部电路测量得到的电池两极间的电压，数值上等于电池的电动势。

工作电压：接通外部回路以后，测量电池两极之间的电压，数值上等于电池电势减去电池内阻占压(以放电过程为例)。

充电截止电压：电池管理系统设置的充电过程能够达到的最高电压，到达这个电压以后，电池管理系统要求充电过程结束。充电截止电压一般略低于电池允许的最高开路电压。

放电截止电压：放电过程允许的电池的最低电压，当放电过程触及这个数值超过一定延时时间，电池管理系统要求断开放电回路。

内阻：电池自身电化学反应的固有特性，以回路阻抗的形式表现在充放电过程中。主要由两部分构成，欧姆内阻和极化内阻。在充放电曲线上，电流加载瞬间，电池端电压的瞬间跌落是欧姆内阻带来的影响；充电截止，电流消失到端电压平稳一段时间内电压的回升则是极化电阻的影响力的体现。

放电倍率：充放电的电流大小，充放电倍率（C）= 充放电电流（mA）/额定容量（mA·h），如额定容量为 1000 mA·h 的电池以 100 mA 的电流充放电，则充放电倍率为 0.1 C。

当前所使用的充放电测试仪器都具备多种测试功能，可以做到多通道共同充放电测试。电池充放电测试仪器的主要工作就是充电和放电两个过程。对于锂离子电池充放电方法的选择直接决定锂电池的使用寿命，选择好的充放电法不仅可以延长锂离子电池的生命周期，还能提高电池的利用率。扣式电池的充放电模式包括恒流充电法、恒压充电法、恒流放电法、恒阻放电法、混合式充放电以及阶跃式等不同模式充放电。实验室中主要采用恒流充电（CC）、恒流-恒压充电（CC-CV）、恒压充电（CV）、恒流放电（DC）对电池的充放电行为进行测试。其中恒流-恒压充电法的使用最广泛，它是将恒流充电法和恒压充电法相结合。其充电过程可以分为预充电阶段、恒流充电阶段和恒压充电阶段 3 个过程，预充电阶段是在电池电压低于 3 V 时，电池不能承受大电流的充电，这时有必要以小电流对电池进行浮充；当电池电压达到 3 V 时，电池可以承受大电流的充电了，这时应以恒定的大电流充电，以使锂离子快速均匀转移，这个电流越大，对电池的充满及寿命越有利；当电池电压达到充电截止电压时，达到了电池承受电压的极限，这时应以充电截止电压恒压充电，这时充电电流逐渐降低，当充电电流小于设定的截止电流时，电池即充满了，这时要停止充电，否则，电池因过充而降低寿命。其次，锂离子电池过度充放电会对正负极造成永久性损坏。过度放电导致负极碳片层结构出现塌陷，而塌陷会造成充电过程中锂离子无法插入；过度充电使过多的锂离子嵌入负极碳结构，而造成其中部分锂离子再也无法释放出来。图 5-23-1 和图 5-23-2 所示分别为扣式电池测试系统和圆柱电池测试系统。

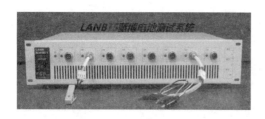

图 5-23-1　扣式电池测试系统

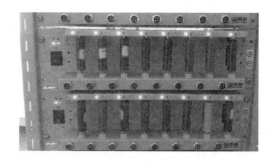

图 5-23-2　圆柱电池测试系统

三、仪器(设备)与试剂

1.仪器(设备)：电池充放电测试仪。

2.实验样品：软包锂离子电池,扣式锂离子电池。

四、实验步骤

(1)将待测试电池安装在测试仪器上,扣式电池可以适用于扣式电池的夹持。

(2)在电池测试系统上设置充放电测试程序,如表5-23-1所示。

(3)在进行一个测试过程之前,应先选取测试电池位于仪器上的相应通道。鼠标右键点击通道,选择“启动”,进入对话框。点击“启动”窗口中的当前测试名称。

(4)测试结束后,取下电池。

五、数据处理

1.测试锂离子电池的充放电性能。

2.测试锂离子电池的循环性能。

3.测试锂离子电池的倍率性能。

4.测试锂离子电池的微分容量曲线。

六、思考题

1.如何判断扣式锂离子电池发生电池内部短路?

2.扣式锂离子电池正负极接反会发生什么现象?

3.软包电池充放电过程中,其厚度发生变化的原因?

七、注意事项

1.接电池时注意正、负极不要接反。

2.软包锂离子电池出现鼓包现象时,及时停止测试并取下电池。

3.保持锂离子电池测试环境的清洁。

八、附图(表)

图 5-23-3 为室温条件下,不同热处理温度的 FTO 包覆 LCO 正极材料和未包覆材料以 0.1 C(20 mA/g)电流密度充放电的首次测试曲线及对应的微分容量曲线,其中测试电压范围为 2.75~4.5 V。未包覆 LCO,和 500 ℃、600 ℃、700 ℃处理的 FTO 包覆 LCO 的首次放电比容量分别为 192.8、175.6、190.9 和 179.3 mA·h/g;与未包覆的 LCO 相比,包覆后材料的首次放电比容量均有不同程度的降低。图 5-23-3(b)为图 5-23-3(a)中充放电曲线对应的微分量曲线,从图中可以看出,所有的材料均显示三对氧化还原峰,其中 3.9 V 左右的氧化还原峰对应的为钴酸锂固熔性质的一级相变,另外两对较小的氧化还原峰来自于 CoO_2 框架中锂离子的有序-无序重排的相变。图 5-23-4 为室温条件下,不同热处理温度的 FTO 包覆 LCO 正极材料和未包覆材料的循环性能曲线。测试电池以 0.5 C(100 mA/g)的充放电倍率循

环 100 次。由图可知，未包覆钴酸锂的初始放电容量为 188.3 mA·h/g，@FTO-500，@FTO -600 和@FTO-700 样品的初始放电容量分别为 184.2，187.1 和 185.7 mA·h/g，未包覆样品循环 100 次后的放电容量为 127.9 mA·h/g，对应容量保持率为 67.9%，@FTO-500，@FTO-600 和@FTO-700 样品循环 100 次后的放电容量分别为 158.2，173.7 和 163.4 mA·h/g，容量保持率分别为 85.9%、92.8% 和 88.0%。图 5-23-5 为室温条件下，不同热处理温度的 FTO 包覆 LCO 正极材料和未包覆材料在不同倍率下的放电容量。倍率性能测试的电压范围：2.75 ~ 4.5 V，电流分别为 0.1 C（20 mA/g），0.5 C（100 mA/g），1 C（200 mA/g），2 C（400 mA/g），4 C（800 mA/g），8 C（1600 mA/g）和 0.1 C（20 mA/g）。

表 5-23-1　蓝电电池测试系统扣式电池循环工序设置

工作模式	结束条件	GOTO	记录条件
静置	步骤时间≥2:00	下一步	1:00
恒流充电：0.5 C	电压≥4.5 V	下一步	1:00, 0.005 V
恒压充电：4.5 V	电流≤0.05 C	下一步	1:00
静置	步骤时间≥2:00	下一步	1:00
恒流放电：0.5 C	电压≤2.75 V	下一步	1:00
<如果>	充放循环≤50 次	1	1:00, 0.005 V
<或者/否则>		停止√	

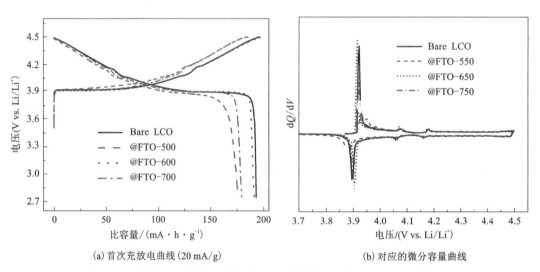

(a) 首次充放电曲线（20 mA/g）　　　　(b) 对应的微分容量曲线

图 5-23-3　不同热处理温度的 FTO 包覆和未包覆 LCO 的首次充放电曲线(a)和对应的微分容量曲线(b)

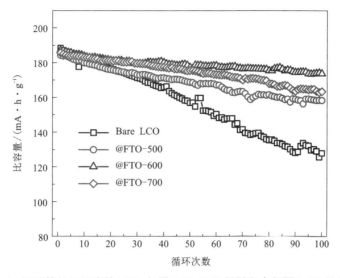

图 5-23-4　不同热处理温度的 FTO 包覆 LCO 正极材料和未包覆 LCO 的循环性能

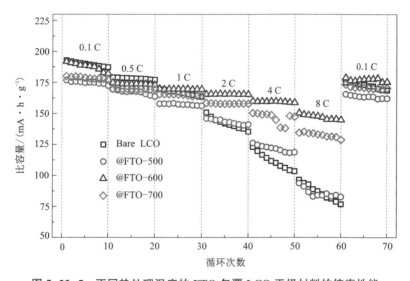

图 5-23-5　不同热处理温度的 FTO 包覆 LCO 正极材料的倍率性能

九、参考文献

［1］蔡春皓，段冀渊，寿晓立，等. 浅谈现有锂离子电池检测标准［J］. 电池，2015，45（3）：121-123.

［2］汤秀华，关为国，黄广轶，等. 小型锂离子电池检测技术研究［J］. 中国测试，2010，36（3）：33-35.

［3］朱艳秋. 锂离子电池测控系统设计与仿真［D］. 哈尔滨：哈尔滨理工大学，2014.

［4］刘力舟. 锂离子电池测试系统设计与实现［D］. 绵阳：西南科技大学，2017.

［5］付志超，于水英，王晓晨，等. 锂离子电池测试系统的设计与实现［J］. 船电技术，2015，35（10）：50-54.

［6］蔡黎，何德伍，代妮娜，等. 锂离子电池测试仪的设计与实现［J］. 电池，2019，49（1）：83-85.

［7］陶文玉，张敏，徐霁旸，等. 动力锂离子电池测试标准比较和分析［J］. 电池，2018，48（2）：122-125.

［8］何臣臣，孙志强，陈利权，等. 一种锂离子电池测量装置：CN215725820U［P］. 2022-02-01.

[9] 章结兵, 石亚丽, 韩梓涛. 软包锂离子电池封装铝塑膜材料保护机理分析及其测试方法[J]. 塑料工业, 2018, 46(11): 5-8.

[10] 牛艳华. 一种软包电池测量装置: CN212931374U[P]. 2021-04-09.

[11] 杨承昭, 张小满, 贺先冬, 等. 采用 $Li_4Ti_5O_{12}$ 为负极的软包锂离子电池研究[J]. 电池工业, 2013, 18(3): 139-141.

[12] 梁大宇, 包婷婷, 高田慧, 等. 高比能 NMC811/SiO-C 软包电池循环失效分析[J]. 储能科学与技术, 2018, 7(3): 459-464.

[13] 章结兵, 石亚丽, 韩梓涛. 软包锂离子电池封装铝塑膜材料保护机理分析及其测试方法[J]. 塑料工业, 2018, 46(11): 5-8.

实验二十四　锂离子电池的循环伏安测试

一、实验目的

1. 掌握循环伏安技术的基本原理与特点。
2. 掌握采用电化学工作站测试锂离子电池循环伏安曲线的操作方法。
3. 熟悉循环伏安技术在离子电池中的应用。

二、实验原理

循环伏安法是化学电源、材料电化学、电化学合成、电化学催化、腐蚀电化学、分析电化学、生物电化学等电化学学科领域的常用技术。其基本原理是将循环变化的电压施加于工作电极和参比电极之间, 记录工作电极上得到的电流与施加电位之间的关系曲线。典型的施加电位变化方式如图 5-24-1 所示。第一次循环(a 点→b 点→c 点)的起扫电位 a 点为+2.5 V, 反向起扫电位 b 点为+4.2 V, 终点 c 又回扫到起扫电位+2.5 V, 扫描速度可从斜率反映出来。c 点→d 点→e 点表示第二次循环。一台电化学工作站具有多种功能, 可进行一次或多次循环, 也可任意变换扫描电位范围和扫描速度。

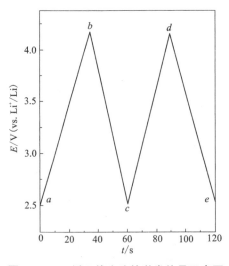

图 5-24-1　循环伏安法的激发信号示意图

当工作电极被施加的扫描电位激发时，将产生响应电流，以该电流对电位作图，称为循环伏安图。典型的循环伏安图如图 5-24-2 所示。该图是在 25 ℃下，采用电化学工作站测定的磷酸铁锂扣式锂离子电池的多次循环伏安曲线图。从循环伏安图中可得到几个重要参数：氧化峰电位(E_{Pa})、还原峰电位(E_{Pc})、氧化峰电流(i_{Pa})和还原峰电流(i_{Pc})。峰电位可直接从横轴与峰顶对应处读取。峰电流的确定方法是：沿基线作切线外推至峰下，从峰顶作垂线至切线，其间高度即为峰电流。

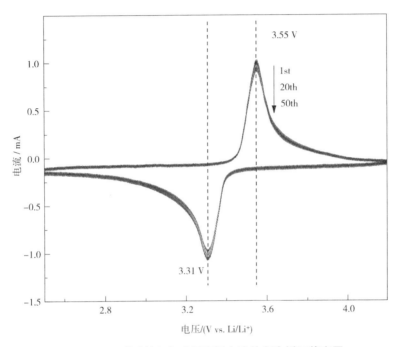

图 5-24-2　磷酸铁锂扣式锂离子电池的多次循环伏安图

可逆体系的峰电流，由 Randles-Savcik 方程可表示为：

$$i_{\mathrm{p}} = (2.69 \times 10^5) n^{3/2} A D^{1/2} v^{1/2} c \tag{1}$$

其中：i_{p} 为峰电流(A)；n 为电子转移数；A 为电极面积(cm^2)；D 为扩散系数(cm^2/s)；v 为扫描速率(V/s)；c 为浓度(mol/L)。

可逆体系的循环伏安参数具有两个重要的特征：①$|i_{\mathrm{Pa}}| = |i_{\mathrm{Pc}}|$，且与扫描速率、扩散系数等参数无关；②$\Delta E_{\mathrm{p}} = |E_{\mathrm{Pa}} - E_{\mathrm{Pc}}| = 59/n$(mV)(25 ℃)，亦与扫描速率、扩散系数等参数无关。对于准可逆体系而言，$|i_{\mathrm{Pa}}| \neq |i_{\mathrm{Pc}}|$；$\Delta E_{\mathrm{p}} > 59/n$(mV)(25 ℃)，且随着扫描速率的增大而增大。当电极反应完全不可逆时，逆反应非常迟缓，正向扫描产物来不及发生反应就扩散到溶液内部了，因此在循环伏安图上观察不到反向扫描的电流峰。图 5-24-3 对比了可逆体系、准可逆体系和完全不可逆体系的循环伏安曲线。

由图 5-24-2 可知，在第 1 次循环伏安曲线上，于 3.55 V 出现了一个氧化峰，对应着亚铁离子氧化成铁离子与锂离子从磷酸铁锂晶格中脱出，电极反应如式（5-24-2）所示。3.31 V 出现的还原峰则对应着铁离子还原成亚铁离子与锂离子嵌入磷酸铁锂晶格中，电极反应如式（5-24-3）所示。氧化峰与还原峰的良好对称性，以及几乎相等的氧化峰电流与还原峰电流，表明磷酸铁锂材料的锂离子脱嵌反应具有很好的可逆性。第20、50次循环伏安曲线除了峰电流稍有减小外，峰电位与第1次循环伏安曲线的一致，表明磷酸铁锂材料结构稳定，具有优异的循环性能。

$$LiFePO_4 \longrightarrow xLi^+ + xe^- + Li_{1-x}FePO_4 \tag{2}$$

$$xLi^+ + xe^- + Li_{1-x}FePO_4 \longrightarrow LiFePO_4 \tag{3}$$

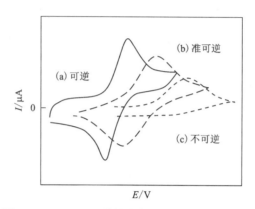

图 5-24-3　不同可逆性的电极体系的循环伏安图

三、仪器(设备)与试剂

1. 仪器(设备)：电化学工作站，电脑。

2. 实验试剂：磷酸铁锂扣式锂离子电池，电池夹。

四、实验步骤

1. 依次打开电化学工作站、电脑主机和显示器，将电化学工作站预热20分钟。

2. 用夹具夹好磷酸铁锂扣式锂离子电池，夹具凸起一侧夹电池盒底部；电化学工作站的绿色导线(导线上标记为"WE")连接夹具凸起一侧导线、红色导线(导线上标记为"CE")和白色导线(导线上标记为"RE")连接另一侧导线，其他导线空置。

3. 双击电脑桌面的"DHElecChem"图标，打开电化学工作站软件。

4. 点击工作界面左上角的"新实验"。

5. 选择"循环伏安法(Single CV)"[如测试锂离子电池的循环性能时，选择"循环伏安法(Multiple CV)"]。

6. 设置实验参数：最初电位(V)设为2.5，顶点电位(V)设为4.2，最终电位(V)设为2.5，扫描速率(V/s)设为0.01(注：这些实验参数可根据实际需要进行调整)。

7. 点击工作界面左上角的"开始"。

8. 对待测实验的文件名进行命名，如"磷酸铁锂-20230323"，点击"保存"即开始实验，并自动记录实验数据。

9. 实验完成后，依次断开电池夹具，关闭电化学工作站、电脑主机和显示器，拔掉电源插座。

五、数据处理

1. 复制电化学工作站上测试得到的原始数据，粘贴入 Origin 软件作图并打印。

2. 解析循环伏安曲线，并找出峰电位与峰电流的大小，分析其含义。

3. 根据实验需要，对扣式锂离子电池进行多次循环伏安测试，评价其循环性能。

六、思考题

1. 对扣式锂离子电池进行多次循环伏安测试时，第 n 次曲线相对于第 $(n-1)$ 次曲线有何差别？可以用于评价锂离子电池的什么性能？

2. 采用循环伏安技术测试锂离子电池的反应机理有何优势？

3. 试阐述循环伏安技术在电化学学科各个领域中的应用情况。

七、注意事项

1. 扣式锂离子电池外壳必须保持清洁，以免污染腐蚀电池夹；夹好的扣式锂离子电池，不能放在电化学工作站上。

2. 测试完成后，扣式锂离子电池需及时卸下，并扔入固体废弃物收集箱中进行集中处理。

3. 打开电化学工作站电源前，请勿先将电极线和电池、电容器、燃料电池等连接，避免体系反冲对仪器造成损害。同样，仪器关闭前也要先断开与体系的连接再关闭电源。

4. 为确保测试精度，电化学工作站需预热 20 min 后再开始实验。

5. 电化学工作站务必放在干燥、清洁、空气中不含有腐蚀性气体的环境中；使用时，计算机和工作站都必须接地良好。

八、附图

25 ℃下，采用电化学工作站测定的 $LiNi_{0.8}Co_{0.15}Al_{0.05}O_2$（NCA）扣式锂离子电池的多次循环伏安曲线如图 5-24-4 所示。由图 5-24-4 可知，在高电位区，第 1 次循环伏安曲线上有三对氧化-还原峰，氧化峰电位分别为 3.88 V、4.01 V 和 4.24 V，对应的还原峰电位分别为 3.68 V、3.94 V 和 4.18 V。表明 NCA 在充电过程中发生了三次相态转变，依次为六方相 H1→单斜相 M→六方相 H2→六方相 H3；在放电过程中同样发生了三次相态转变，依次为六方相 H3→六方相 H2→单斜相 M→六方相 H1。第 2 次循环伏安曲线上，除了第一个氧化峰电位由 3.88 V 负移至 3.81 V 外，其他峰电位移动甚小；但是，峰电流下降非常明显，尤其是第一个峰电流急剧下降。表明首次循环过程中形成的 SEI 膜导致了可逆容量的较大损失。第 30 次循环伏安曲线上的三对氧化-还原峰变得相当扁平，表示材料的可逆性能恶化了。在低电位区，第 1 次循环伏安曲线上有一对氧化-还原峰，氧化峰电位和还原峰电位分别为 2.44 V 和 1.63 V；还原峰电流远远大于氧化峰电流。第 2 次循环伏安曲线上的氧化峰电位没变，但是还原峰电位正移至 1.73 V；还原峰电流仍然两倍于氧化峰电流。第 30 次循环伏安曲线的峰电位和峰电流与第 2 次的相似。这些实验现象表明，低电位区的氧化-还原峰归属于二价镍与三价镍之间的氧化还原反应，较大的峰电位差与峰电流差则证实了 NCA 材料中锂离子与二价镍离子相近的离子半径所引起的离子混排，导致 NCA 材料具有较差的锂离子脱嵌可逆性。

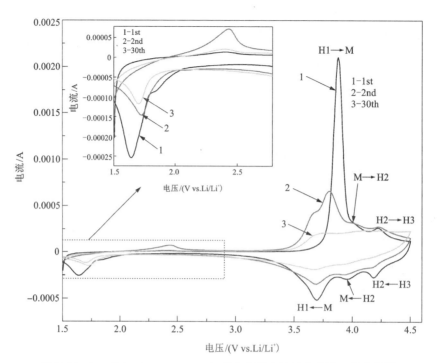

图 5-24-4　$LiNi_{0.8}Co_{0.15}Al_{0.05}O_2$ 扣式锂离子电池的多次循环伏安曲线

九、参考文献

[1] Heinze J. Cyclic voltammetry—"electrochemical spectroscopy". new analytical methods(25)[J]. Angewandte Chemie International Edition in English, 1984, 23(11): 831-847.

[2] 胡成国, 华雨彤. 线性扫描伏安法的基本原理与伏安图解析[J]. 大学化学, 2021, 36(4): 122-128.

[3] 李荻, 李松梅. 电化学原理[M]. 4版. 北京: 北京航空航天大学出版社, 2021.

[4] Liu W M, Liu Q L, Qin M L, et al. Inexpensive and green synthesis of multi-doped $LiFePO_4/C$ composites for lithium-ion batteries[J]. Electrochimica Acta, 2017, 257: 82-88.

[5] 刘万民, 胡国荣, 肖鑫, 等. 直接电氧化合成乙基香兰素[J]. 中南大学学报(自然科学版), 2012, 43(3): 842-847.

[6] 于鑫萍, 周炎, 张军, 等. 利用循环伏安法模拟技术理解电极过程可逆性[J]. 化学教育(中英文), 2020(24): 61-64.

[7] 王福庆, 魏奕民, 苏育专, 等. $LiFePO_4$ 单颗粒电化学本征性能的快速精确评测[J]. 电化学, 2015, 21(6): 566-571.

[8] 聂凯会, 耿振, 王其钰, 等. 锂电池研究中的循环伏安实验测量和分析方法[J]. 储能科学与技术, 2018, 7(3): 539-553.

[9] Liu W M, Guo H H, Qin M L, et al. Effect of voltage range and $BiPO_4$ coating on the electrochemical properties of $LiNi_{0.8}Co_{0.15}Al_{0.05}O_2$[J]. ChemistrySelect, 2018, 3(26): 7660-7666.

[10] Day C, Greig K, Massey A, et al. Utilizing cyclic voltammetry to understand the energy storage mechanisms for copper oxide and its graphene oxide hybrids as lithium-ion battery anodes[J]. ChemSusChem, 2020, 13(6): 1504-1516.

[11] 贾铮, 戴长松, 陈玲. 电化学测量方法[M]. 北京: 化学工业出版社, 2006.

实验二十五　锂离子电池的交流阻抗测试

一、实验目的

1. 熟悉电化学阻抗谱的基本原理。
2. 掌握电化学阻抗在锂电池中的应用。
3. 掌握电化学阻抗谱图的数据处理及分析。

二、实验原理

电化学阻抗谱(EIS)是一种重要的电化学测试方法,广泛应用于研究锂离子电池的动力学反应机理和测量动力学参数。在锂离子电池运行过程中,不同反应步骤具有不同的动力学参数和时间常数。EIS 可以通过在广泛的频率范围内施加小幅正弦激励信号,突出特定时间常数的电极过程,并将复杂的电极过程分离,从而实现对单一电极过程动力学的分析。通过研究交流阻抗信息,EIS 还可以为锂离子电池和其他电池的应用与管理、电化学过程设计以及电极材料的开发与表征提供基本依据,最终有助于能量存储与转换器件的设计与开发。

电化学阻抗谱可以通过两种方法进行分析:频率域阻抗分析和时间域阻抗分析。在频率域阻抗分析中,电池处于平衡状态或者某一稳定的直流极化条件下,施加小幅交流激励信号,并研究交流阻抗随频率的变化关系。而在时间域阻抗分析中,固定频率,测量电池的交流阻抗随时间的变化。在锂离子电池的基础研究中,更常使用频率域阻抗分析方法。阻抗谱的高频部分反映了快速步骤的响应,而低频部分反映了慢速步骤的响应。通过分析阻抗谱中弛豫过程的时间常数数量和数值大小,可以获得各个步骤的动力学信息和电极表面状态变化的信息。电化学阻抗谱具有广泛的应用性,可以实现对电化学界面反应在宽频率范围(从微赫兹到兆赫兹)的研究,从而分析不同电极过程中反应时间常数的差异。

通过测定不同频率 ω 的扰动信号 X 和相应信号 Y 的比值,得到不同频率下阻抗的实部、虚部、模值和相位角,可绘制成各种形式的电化学阻抗谱,最常用的有奈奎斯特图(Nyquist plot)。奈奎斯特图是以阻抗的实部为横轴、虚部的负数为纵轴绘制的曲线(图 5-25-1)。

将一个电化学系统视为一个由电阻、电容、电感等基本元件按不同方式组合而成的等效电路,可以通过 EIS 测定等效电路的过程和各元件的大小,并利用这些元件的电化学含义来分析电化学系统及其特性。

在锂离子电池中电化学阻抗谱可以应用于研究电极过程的动力学,如图 5-25-2 所示锂离子电池体系充放电过程中,典型的动力学步骤有:

(1)电子通过活性材料颗粒间的输运、Li$^+$在活性材料颗粒空隙间电解液中的输运;

(2)Li$^+$通过活性材料颗粒表面固体电解质界面膜(SEI 膜)的扩散迁移;

(3)电子/离子导电结合处的电荷传输过程;

(4)Li$^+$在活性材料颗粒内部的固体扩散过程;

(5)Li$^+$在活性材料中的累积和消耗以及由此导致活性材料颗粒晶体结构的改变或新相的生成。

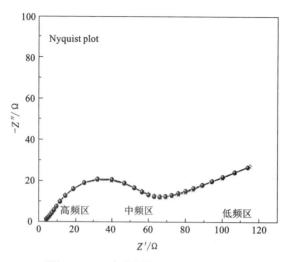

图 5-25-1 奈奎斯特图(Nyquist plot)

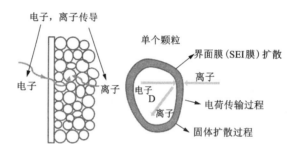

图 5-25-2 锂离子电池体系中嵌锂物理机制模型示意图

因此，我们可以将锂离子电池视为一个包含电阻、电感和电容等元件的电路系统。建立等效模型的目的是将电池简化为一个电路系统，以模拟电化学系统中的变化过程。在锂离子电池中，典型的电化学阻抗谱如图 5-25-3 所示，可以分为以下五个部分：

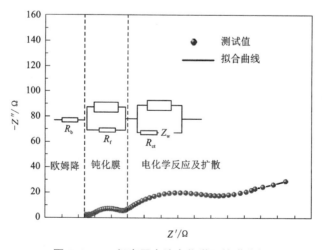

图 5-25-3 锂离子电池电化学阻抗谱分析

（1）超高频区域（大于 10 kHz）表现为一个点，表示锂离子和电子通过电解液、多孔隔膜、导线和活性材料颗粒等输运所产生的欧姆电阻。这个过程可以用一个电阻 R_b 来表示。

（2）高频区域表现为一个半圆，与锂离子在活性材料颗粒表面绝缘层（SEI）的扩散迁移有关。这个过程可以用一个 R_{SEI}/CPE1（SEI）并联电路表示。其中，R_f 代表锂离子扩散迁移通过 SEI 膜的电阻。

（3）中频区域表现为一个半圆，与电荷传递过程相关。这个过程可以用一个 R_{ct}/CPE2 并联电路表示。R_{ct} 代表电荷传递电阻或电化学反应电阻，而 CPE2 代表双电层电容。

（4）低频区域表现为一条斜线，与锂离子在活性材料颗粒内部的固体扩散有关。这个过程可以用一个描述扩散的 Warburg 阻抗 Z_W 来表示。

（5）极低频区域（小于 0.01 Hz）表现为一个半圆和一条垂线。半圆与活性材料颗粒晶体结构的改变或新相的生成相关，而垂线与锂离子在活性材料中的累积和消耗相关。通常很少测量低于 0.01 Hz 的频率范围。

电化学阻抗谱是一种重要的研究电化学界面过程的方法，尤其在电化学领域，特别是锂离子电池领域，有着广泛的应用。通过电化学阻抗谱可以测量电导率、表观化学扩散系数、固体电解质界面膜（SEI）的生长演变、电荷转移和物质传递过程的动态变化等。合理地运用电化学阻抗谱可以帮助研究人员更好地理解电池，并提升电池研发水平。因此，电化学阻抗谱对于电池性能的研究和应用，以及电池组系统的管理和应用等方面具有重要的现实意义。另外，作为一种原位的研究方法，进一步发展电化学阻抗谱与其他原位研究方法的联用技术，如 in situ FTIR、in situ XRD 等，以加强对阻抗谱特征的解释，也成为一个重要的研究方向。

三、仪器（设备）与试剂

1. 仪器（设备）：20 mL 玻璃瓶，磁力搅拌子，磁力搅拌器，手套箱，2016 电池壳，锂片，正极片，PP 隔膜，1 mL 滴管，防静电镊子，无尘布，电池封装机，万用表，电化学工作站，电池测试系统，电池夹。

2. 实验试剂：EC，EMC，DMC，六氟磷酸锂。

四、实验步骤

1. 电池组装

电池组装过程均在充满氩气的手套箱中进行，实验前确保手套箱中水、氧分压均小于 0.5 ppm。

（1）配制电解液

分别取 EC、EMC、DMC 各 2 mL 于玻璃瓶中，放入搅拌磁子，将玻璃瓶置于磁力搅拌器上，待溶液混合均匀后加入锂盐六氟磷酸锂搅拌均匀，配制成 1 mol/L 的六氟磷酸锂溶液。

（2）组装电池

将无尘布平铺与手套箱内，在无尘布上放置正极电池壳，随后将正极片、PP 隔膜依次置于正极电池壳内，用滴管取配制好的电解液 2~3 滴于正极壳内，待电解液完全润湿正极片与隔膜后，用防静电镊子将锂片放置于隔膜上，随后盖上负极电池壳。将组装完成的电池放置到电池封装机上进行电池封得到 Li|GPE|LFP 电池。

2.活化

（1）电池检测

用万用表检测电池电压，若电压处于合理范围即可进行电池活化。

（2）活化

将电池安装到电池测试系统上，以 0.1 C 倍率进行恒流充放电循环三次，完成活化。

3.测试

将活化后的电池，1 C 循环一定圈数后，将电池取下进行电化学交流阻抗测试。

将电池连接电化学工作站进行电化学交流阻抗测试，测试前电池应在环境温度下静置 30 min 以上，测试时将偏置电压设置为 5 mV，测试频率为 100 kHz～0.01 Hz。

4.导出数据

测试完成后，导出频率、实部阻抗、虚部阻抗等数据。

五、数据处理

1.将测试的数据导入，Zview 或者 ZSimpWin 等软件，分析电池中存在的电化学过程，选择合适的等效电路图。

2.利用拟合软件，Zview 或者 ZSimpWin 可得到体系 R_b、R_f、R_{ct} 等参数的数值。

3.用 Origin 绘制 Nyquist 图。

六、思考题

1.电化学阻抗谱是研究电化学界面过程的一种重要方法，在锂离子电池领域具有哪些应用？

2.简述实际图谱与理想曲线有偏差的原因。

3.电化学阻抗谱的各部分所代表的物理意义。

4.为什么测试电化学阻抗谱之前需要对电池进行活化？

七、注意事项

1.作为扰动信号的正弦波幅度不超过 5 mV，一般不超过 10 mV，我们实验一般设置为 5 mV。

2.在测试之前 Li|GPE|LFP 电池要先进行活化，如，在 0.1 C 循环 2～5 周。

3.同一批样品横向对比时，要在同样的开路电压和同样的充电状态下测量，一般选用 SOC（state of charge）50%的状态下测量。

4.实际图谱与理想曲线有偏差的原因：固体电极的 EIS 研究发现，曲线总是或多或少地偏离半圆，而表现为一段圆弧，被称为容抗弧，这种现象被称为"弥散效应"，反映了电极双电层偏离理想电容的性质。

八、附图(表)

组装 Li||NCM622 电池，静置一定时长后测试其电化学阻抗，结果如图 5-25-4 所示，表 5-25-1 所示为离子电池循环后的交流阻抗数值。经过 Zview 拟合得到欧姆阻抗 R_b 为 5 Ω，度化膜 R_f 为 35 Ω，电化学反应及扩散阻抗 R_{ct} 为 108 Ω。

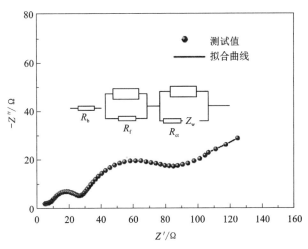

图 5-25-4　锂离子电池循环后的交流阻抗图

表 5-25-1　离子电池循环后的交流阻抗数值

电阻	R_b	R_f	R_{ct}
数值/Ω	5	35	108

九、参考文献

［1］ Dai K, Zheng Y, Wei W F. Organoboron-containing polymer electrolytes for high-performance lithium batteries[J]. Advanced Functional Materials, 2021, 31(13)：2008632.

［2］ Dai K, Ma C, Feng Y M, et al. A borate-rich, cross-linked gel polymer electrolyte with near-single ion conduction for lithium metal batteries[J]. Journal of Materials Chemistry A, 2019, 7(31)：18547-18557.

［3］ Ma C, Dai K, Hou H S, et al. High ion-conducting solid-state composite electrolytes with carbon quantum dot nanofillers[J]. Advanced Science, 2018, 5(5)：1700996.

［4］ 戴宽. 有机硼聚合物电解质的制备及电化学性能研究[D]. 长沙：中南大学, 2022.

［5］ 阿伦·J.巴德, 拉里·R.福克纳. 电化学方法-原理和应用.第二版[M]. 2 版. 邵元华, 等译. 北京：化学工业出版社, 2005.

［6］ 凌仕刚, 许洁茹, 李泓. 锂电池研究中的 EIS 实验测量和分析方法[J]. 储能科学与技术, 2018, 7(4)：732-749.

实验二十六　锂离子电池的电解液电化学窗口测试

一、实验目的

1. 熟悉电化学窗口的测试的基本方法。
2. 掌握线性伏安扫描测试的基本原理。
3. 掌握线性伏安扫描法数据的处理。

二、实验原理

电解液在锂离子电池中不仅仅用于离子传导，同时电解液在电极界面形成的薄层也在很大程度上决定了电极/电解液界面的性质，进而影响着电池的循环稳定性、倍率性能和安全性能。因此，研究界面电解液的电化学稳定性和分解反应机理对于解析界面特性和电池性能变化的原因非常重要。

随着锂离子应用领域的不断拓宽，我们对电池正极和负极界面的电化学稳定性和结构稳定性提出了更高的要求。急需开发具有更广泛电化学稳定窗口的新型电解液，即在电池的工作电压范围内不会发生电化学分解。在这方面，引入高效的成膜添加剂到现有的碳酸酯基电解液中，能够在高电压正极和高比容量负极表面分别形成稳定的 CEI（正极固体电解质界面）膜和 SEI 膜，也许能够突破下一代锂离子电池应用的瓶颈问题。这些新型电解液和成膜添加剂的研发将为解决界面不稳定性问题提供根本性的解决方案。

在电解液中，电化学窗口是指电解液在一定的电势范围内不发生氧化还原反应。电化学窗口的宽度越大，说明电解液的稳定性越好。通常，当电解液的电化学窗口中不发生反应的最正电位大于 4.6 V 时，我们称之为高压电解液。

在实验研究中，可以通过测试和比较电解液的循环伏安曲线（$C-V$ 曲线）、线性扫描曲线（LSV 曲线）、充放电曲线或微分容量曲线（dQ/dV 曲线），来直观地判断电解液中某个组分或成膜添加剂的电化学稳定性。

（1）线性扫描伏安法

线性扫描伏安法（Linear Sweep Voltammetry，LSV）是一种在给定电压范围内以一定速率对电池的电压进行单向线性扫描的测试方法。测试结果通常以电流-电压（$I-E$）曲线的形式呈现。通过 LSV 方法，我们可以观察到在测试电压范围内是否发生氧化或还原反应，若没有发生氧化还原反应，则只能观测到较小的非法拉第电流。

如图 5-26-1 所示，当电极电势达到反应值时，电极表面发生电荷转移，电流随着电势的变化（增高或降低）而相应增加。这时的电势被认为是电解液的氧化电化学窗口（Ew）。随着电势进一步增大，电极反应无法及时恢复平衡，导致电极活性物质不断消耗，引发电极表面浓度梯度和扩散层厚度的增加。当电流达到某一值时，尽管电势继续增大，但参与电极反应的活性物质减少，导致电流强度减小。基于上述特征，LSV 被广泛用于评估电解液的电化学稳定性以及对集流体、电池壳体等的腐蚀性研究等方面。它能够提供有关电解液和电极界面行为的重要信息。

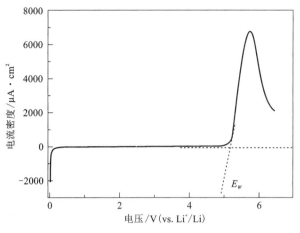

图 5-26-1　线性扫描伏安曲线

（2）循环伏安法

与 LSV 的实验原理相比，循环伏安法（Cyclic Voltammetry，CV）在单程线性扫描的基础上增加了逆向扫描。CV 的典型过程是：当电势向阴极方向扫描时，电极上的活性物质被还原，产生还原峰；当电势向阳极方向扫描时，还原产物重新在电极上氧化，产生氧化峰。因此，一次 CV 扫描完成了一个氧化和还原过程的循环。对于可逆体系，CV 曲线的典型示例如图 5-26-2 所示。不同可逆程度的体系会展现出不同的特征曲线。

通过分析 CV 曲线中的氧化峰和还原峰的数量、电位、峰强度以及峰位间距等参数，我们可以研究活性物质在电极表面反应的反应机理、可逆程度和极化程度，并获得电极反应动力学参数。这些参数能够提供有关电极界面反应的重要信息。

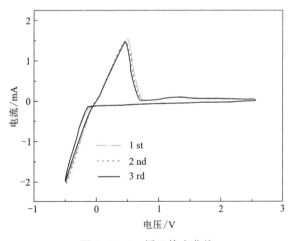

图 5-26-2　循环伏安曲线

三、仪器（设备）与试剂

1.仪器（设备）：手套箱，2016 电池壳，不锈钢垫片，锂片，PP 隔膜，1 mL 滴管，防静电镊子，无尘布，电池封装机，万用表，电化学工作站，电池测试仪，电池夹。

2.实验试剂：EC，EMC，DMC，六氟磷酸锂。

四、实验步骤

1.电池组装

电池组装过程均在充满氩气的手套箱中进行，实验前确保手套箱中水、氧分压均小于0.5 ppm。

（1）配制电解液

分别取 EC、EMC、DMC 各 2 mL 于玻璃瓶中，放入搅拌磁子，将玻璃瓶置于磁力搅拌器上，待溶液混合均匀后加入锂盐六氟磷酸锂搅拌均匀，配制成 1 mol/L 的六氟磷酸锂溶液。

（2）组装电池

将无尘布平铺于手套箱内，在无尘布上放置正极电池壳，随后将不锈钢垫片、PP 隔膜依次置于正极电池壳内，用滴管取配制好的电解液 2~3 滴于正极壳内，待电解液完全润湿正极片与隔膜后，用防静电镊子将锂片放置于隔膜上，随后盖上负极电池壳。将组装完成的电池放置到电池封装机上进行电池封装。组装示意图如图5-26-3所示。

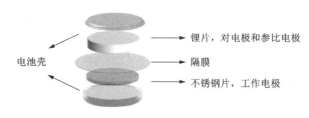

电池壳 —— 锂片，对电极和参比电极
—— 隔膜
—— 不锈钢片，工作电极

图5-26-3　扣式电池的组装

（3）线性扫描伏安法测试电化学窗口

采用不锈钢片为工作电极，锂片作为对电极和参比电极，将电池连接电化学工作站进行线性扫描伏安测试，测试前电池应在环境温度下静置 30 min 以上，测试时起始电位设置为开路电位，终止电压为 6 V，扫描速率为 1 mV/s。

五、数据处理

1.将得到的数据以电压为横坐标，电流为纵坐标绘制伏安图；

2.分别做电流平稳段和上升段的切线，两线相交处电位即为氧化还原起始电位。

六、思考题

1.请描述线性伏安扫描法和循环伏安扫描法的区别与相似之处。

2.如何提高电解液的氧化稳定性，还原稳定性。

3.不同正极材料对电解液电化学窗口有什么影响。

七、注意事项

1.同一种电解液采用不同工作电极时，电解液的氧化还原电位有较大的差异，比如采用含有过渡金属离子的层状氧化物正极材料时，过渡金属离子能催化电解液的分解。

2. 在锂电池体系中，如果扫速较慢，金属锂较厚，金属锂在该电解质体系中基本稳定，金属锂自身的电位基本不发生变化，则扫描过程中极化引起的过电位基本可以忽略，电解质和电池的条件一致，此时利用两电极定性或半定量研究工作电极（对电极）上的氧化还原反应或者对比研究两种材料的动力学行为，也具有一定的参考价值。

八、附图

对电解液进行循环伏安曲线测试后，再进行线性扫描伏安曲线测试。图 5-26-4 所示为电解液的循环伏安曲线，由图可知，在 0.50 V 时出现锂条纹，在 -0.48 V 时形成锂沉积。这个过程是可逆的，直到 4.52 V 才出现其他氧化峰，这表明该电解液可用于高压（>4.3 V）的锂金属电池体系。

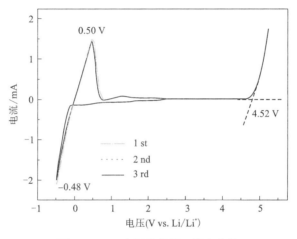

图 5-26-4　电解液的循环伏安曲线

图 5-26-5 所示为两种电解液的 LSV 测试曲线，由图可知，电解液 1 的电化学窗口为 4.48 V，电解液 2 的电化学窗口为 4.52 V。

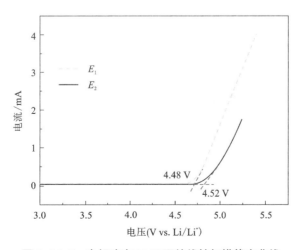

图 5-26-5　电解液在 30 ℃下的线性扫描伏安曲线

九、参考文献

［1］ Dai K, Zheng Y, Wei W F. Organoboron－containing polymer electrolytes for high－performance lithium batteries［J］. Advanced Functional Materials, 2021, 31(13)：2008632.

［2］ Dai K, Ma C, Feng Y M, et al. A borate－rich, cross－linked gel polymer electrolyte with near－single ion conduction for lithium metal batteries［J］. Journal of Materials Chemistry A, 2019, 7(31)：18547-18557.

［3］ Ma C, Dai K, Hou H S, et al. High ion－conducting solid－state composite electrolytes with carbon quantum dot nanofillers［J］. Advanced Science, 2018, 5(5)：1700996.

［4］ 戴宽. 有机硼聚合物电解质的制备及电化学性能研究［D］. 长沙：中南大学, 2022.

［5］ 阿伦·J. 巴德, 拉里·R. 福克纳. 电化学方法-原理和应用. 第二版［M］. 2版. 邵元华, 等译. 北京：化学工业出版社, 2005.

图书在版编目(CIP)数据

电化学储能材料制备与性能表征实验教程／刘万民
等编著. —长沙：中南大学出版社，2023.8
ISBN 978-7-5487-5368-1

Ⅰ. ①电… Ⅱ. ①刘… Ⅲ. ①电化学－储能－功能
材料－实验－高等学校－教材 Ⅳ. ①TB34-33

中国国家版本馆 CIP 数据核字(2023)第 086969 号

电化学储能材料制备与性能表征实验教程

刘万民　秦牡兰　申斌　王伟刚　戴宽　胡金龙　编著

□出 版 人	吴湘华	
□责任编辑	刘锦伟	
□责任印制	李月腾	
□出版发行	中南大学出版社	
	社址：长沙市麓山南路	邮编：410083
	发行科电话：0731-88876770	传真：0731-88710482
□印　　装	长沙市宏发印刷有限公司	

□开　　本	787 mm×1092 mm 1/16	□印张 8.5	□字数 214 千字	
□版　　次	2023 年 8 月第 1 版	□印次 2023 年 8 月第 1 次印刷		
□书　　号	ISBN 978-7-5487-5368-1			
□定　　价	42.00 元			